路由交换技术

主　编◎蔡雅娟
副主编◎严尔军

清華大学出版社
北京

内 容 简 介

本书是高等职业学校电子信息类专业新型活页教材。

本书基于华为网络设备搭建网络实训环境，基于真实的工作过程，采用工单活页式，以企业网络实际需求为向导，针对小型交换网络及中小型企业网络系统的规划及部署不同的项目场景，构建了六个学习情境，涵盖网络需求分析与规划、网络系统方案设计、网络与应用部署和网络测试与验收等内容，培养学生的网络设计、网络设备配置与调试和分析解决问题的能力。

本书可作为高等职业学校电子信息类专业的实训教材，也可作为ICT相关从业人员的培训参考用书。

图书在版编目（CIP）数据

路由交换技术 / 蔡雅娟主编. —北京：清华大学出版社，2024.1
ISBN 978-7-302-65162-8

Ⅰ. ①路…　Ⅱ. ①蔡…　Ⅲ. ①计算机网络—路由选择—高等职业教育—教材 ②计算机网络—信息交换机—高等职业教育—教材　Ⅳ. ①TN915.05

中国国家版本馆CIP数据核字（2024）第018843号

责任编辑：杜春杰
封面设计：刘　超
版式设计：文森时代
责任校对：马军令
责任印制：宋　林

出版发行：清华大学出版社
网　址：https://www.tup.com.cn，https://www.wqxuetang.com
地　址：北京清华大学学研大厦A座　**邮　编：**100084
社 总 机：010-83470000　**邮　购：**010-62786544
投稿与读者服务：010-62776969，c-service@tup.tsinghua.edu.cn
质量反馈：010-62772015，zhiliang@tup.tsinghua.edu.cn
印 装 者：天津安泰印刷有限公司
经　销：全国新华书店
开　本：185mm×260mm　**印　张：**10　**字　数：**234千字
版　次：2024年1月第1版　**印　次：**2024年1月第1次印刷
定　价：69.00元

产品编号：100836-01

总　　序

自2019年《国家职业教育改革实施方案》颁行以来，“双高建设”和“提质培优”成为我国职业教育高质量建设的重要抓手。必须明确的是，“职业教育和普通教育是两种不同教育类型，具有同等重要地位”，这不仅是政策要求，也在《中华人民共和国职业教育法》中提及，即“职业教育是与普通教育具有同等重要地位的教育类型”。二者最大的不同在于，职业教育是专业教育，普通教育是学科教育。专业，就是职业在教育领域的模拟、仿真、镜像、映射或者投射，就是让学生“依葫芦画瓢”地学会职业岗位上应该完成的工作；学科，就是职业领域的规律和原理的总结、归纳和升华，就是让学生学会事情背后的底层逻辑、哲学思想和方法论。因此，前者重在操作和实践，后者重在归纳和演绎。但是，必须明确的是，无论任何时候，职业总是规约专业和学科的发展方向，而专业和学科则以相辅相成的关系表征着职业发展的需求。可见，职业教育的高质量建设，其命脉就在于专业建设，而专业建设的关键内容就是调研企业、制订人才培养方案、开发课程和教材、教学实施、教学评价以及配置相应的资源和条件，这其实就是教育领域的人才培养链条。

在职业教育人才培养的链条中，调研企业就相当于“第一粒纽扣”，如果调研企业不深入，则会导致后续的各个专业建设环节出现严峻的问题，最终导致人才培养的结构性矛盾；人才培养方案就是职业教育人才培养的“宪法”和“菜谱”，它规定了专业建设其他各个环节的全部内容；课程和教材就好比人才培养过程中所需要的“食材”，是教师通过教学实施“饲喂”给学生的“精神食粮”；教学实施，就是教师根据学生的“消化能力”，从而对“食材”进行特殊的加工（即备课），形成学生爱吃的美味佳肴（即教案），并使用某些必要的“餐具”（即教学设备和设施，包括实习实训资源），“饲喂”给学生，并让学生学会自己利用“餐具”来享受这些美味佳肴；教学评价，就是教师测量或者估量学生自己利用“餐具”品尝这些美味佳肴的熟练程度，以及“食用”这些“精神食粮”之后的成长增量或者成长状况；资源和条件，就是教师“饲喂”和学生“食用”过程中所需要借助的“工具”或者保障手段等。在此需要注意的是，课程和教材实际上就是“一个硬币的两面”，前者重在实质性的内容，后者重在形式上的载体；随着数字技术的广泛应用，电子教材、数字教材和融媒体教材等出现后，课程和教材的界限正在逐渐消融。在大多数情况下，只要不是专门进行理论研究的人员，就不要过分纠缠课程和教材之间的细微差别，而是要抓住其精髓，重在教会学生做事的能力。显而易见，课程之于教师，就是米面之于巧妇；课程之于学生，就是饭菜之于饥客。因此，职业教育专业建设的关键在于调研企业，但是重心在于课程和教材建设。

然而，在所谓的“教育焦虑”和“教育内卷”面前，职业教育整体向学科教育靠近的氛围已经酝酿成熟，摆在职业教育高质量发展面前的问题是，究竟仍然朝着高质量的“学科式”职业教育发展，还是秉持高质量的“专业式”职业教育迈进。究其根源，“教育焦虑”和“教育内卷”仅仅是经济发展过程中的征候，其解决的锁钥在于经济改革，而不在于教育改革。但是，就教育而言，则必须首先能够适应经济的发展趋势，方能做到“有为才有位”。因此，“学科式”职业教育的各种改革行动，必然会进入“死胡同”，而真正的高质量职业教育的出路依然是坚持“专业式”职业教育的道路。可事与愿违的是，目前的职业教育的课程和教材，包括现在流通的活页教材，仍然是学科逻辑的天下，难以彰显职业教育的类型特征。为了扭转这种局面，工作过程系统化课程的核心研究团队协同青海交通职业技术学院、鄂尔多斯理工学校、深圳宝安职业技术学校、中山市第一职业技术学校、重庆工商职业学院、包头机械工业职业学校、吉林铁道职业技术学院、内蒙古环成职业技术学校、重庆航天职业技术学院、重庆建筑工程职业学院、赤峰应用职业技术学院、赤峰第一职业中等专业学校、广西幼儿师范高等专科学校等，按照工作过程系统化课程开发范式，借鉴德国学习场课程，按照专业建设的各个环节循序推进教育改革，并从企业调研入手，开发了系列专业核心课程，撰写了基于“资讯—计划—决策—实施—检查—评价”（以下简称 IPDICE）行动导向教学法的工单式活页教材，并在部分学校进行了教学实施和教学评价，特别是与“学科逻辑教材+讲授法”进行了对比教学实验。

经过上述教学实践，明确了该系列活页教材的优点。第一，内容来源于企业生产，能够将新技术、新工艺和新知识纳入教材当中，为学生高契合度就业提供了必要的基础。第二，体例结构有重要突破，打破了以往的学科逻辑教材的“章—单元—节”这样的体例，创立了由“学习情境—学习性工作任务—典型工作环节—IPDICE 活页表单”构成的行动逻辑教材的新体例。第三，实现一体融合，促进课程（教材）和教学（教案）模式融为一体，结合“1+X”证书制度的优点，兼顾职业教育教学标准“知识、技能、素质（素养）”三维要素以及思政元素的新要求，通过“动宾结构+时序原则”以及动宾结构的“行动方向、目标值、保障措施”3 个元素来表述每个典型工作环节的具体职业标准的方式，达成了“理实一体、工学一体、育训一体、知行合一、课证融通”的目标。第四，通过模块化教学促进学生的学习迁移，即教材按照由易到难的原则编排学习情境以及学习性工作任务，实现促进学生学习迁移的目的，按照典型工作环节及配套的 IPDICE 活页表单组织具体的教学内容，实现模块化教学的目的。正因为如此，该系列活页教材也能够实现“育训一体”，这是因为培训针对的是特定岗位和特定的工作任务，解决的是自迁移的问题，也就是“教什么就学会什么”即可；教育针对的则是不确定的岗位或者不确定的工作任务，解决的是远迁移的问题，即通过教会学生某些事情，希望学生能掌握其中的方法和策略，以便未来能够自己解决任何从未遇到过的问题。在这其中，IPDICE 实际上就是完成每个典型工作环节的方法和策略。第五，能够改变学生不良的行为习惯并提高学生的自信心，即每个典型工作环节均需要通过 IPDICE 6 个维度完成，且每个典型工作环节完成之后均需要以“E（评价）”结束，因而不仅能够改变学生不良的行为习惯，还能够提高学生的自信心。除此之外，该系列活页教材还有很多其他优点，请各院校的师生在教学实践中来发现，在此不再一一赘述。

当然，从理论上来说，活页教材固然具有能够随时引入新技术、新工艺和新知识等很多优点，但是也有很多值得思考的地方。第一，环保性问题，即实际上一套完整的活页教材既需要教师用书和教师辅助手册，还需要学生用书和学生练习手册等，且每次授课会产生大量的学生课堂作业的活页表单，非常浪费纸张和印刷耗材；第二，便携性问题，即当前活页教材是以活页形式装订在一起的，如果整本书带入课堂则非常厚重，如果按照学习性工作任务拆开带入课堂则容易遗失；第三，教学评价数据处理的工作量较大，即按照每个学习性工作任务5个典型工作环节，每个典型工作环节有IPDICE 6个活页表单，每个活页表单需要至少5个采分点，每个班按照50名学生计算，则每次授课结束后，就需要教师评价7500个采分点，可想而知这个工作量非常大；第四，内容频繁更迭的内在需求和教材出版周期较长的悖论，即活页教材本来是为了满足职业教育与企业紧密合作，并及时根据产业技术升级更新教材内容，但是教材出版需要比较漫长的时间，这其实与活页教材开发的本意相互矛盾。为此，工作过程系统化课程开发范式核心研究团队根据职业院校“双高计划”和“提质培优”的要求，以及教育部关于专业的数字化升级、学校信息化和数字化的要求，研制了基于工作过程系统化课程开发范式的教育业务规范管理系统，能够满足专业建设的各个重要环节，不仅能够很好地解决上述问题，还能够促进师生实现线上和线下相结合的行动逻辑的混合学习，改变了以往学科逻辑混合学习的教育信息化模式。同理，该系列活页教材的弊端也还有很多，同样请各院校的师生在教学实践中来发现，在此不再一一赘述。

特别需要提醒的是，如果教师感觉IPDICE表单不适合自己的教学风格，那就按照项目教学法的方式，只讲授每个学习情境下的各个学习性工作任务的任务单即可。大家认真尝试过IPDICE教学法之后就会发现，IPDICE是非常有价值的教学方法，因为这种教学方法不仅能够改变学生不良的行为习惯，还能够增强学生的自信心，因而能够提升学生学习的积极性，并减轻教师的工作压力。

大家常说：“天下职教一家人。”因此，在使用该系列教材的过程中，如果遇到任何问题，或者有更好的改进思想，敬请来信告知，我们会及时进行认真回复。

姜大源　闫智勇　吴全全

2023年9月于天津

前　言

2019 年 1 月，中华人民共和国国务院发布了《国家职业教育改革实施方案》（以下简称《方案》），该方案第九条指出：“建设一大批校企‘双元’合作开发的国家规划教材，倡导使用新型活页式、工作手册式教材并配套开发信息化资源。”在《方案》的引领下，青海交通职业技术学院于 2020 年开启了基于工作过程系统化范式的新形态教材开发建设工作，开发既能符合专业教学标准又能覆盖职业技能等级标准、以典型工作任务为导向的网络通信类专业群新型活页式教材迫在眉睫。青海交通职业技术学院组建了由学校骨干教师、企业专家和职教专家等多方组成的教材开发团队，完成企业调研，按照“学习场—学习情境—学习性工作任务—典型工作环节”的逻辑结构，开发工单式活页式教材，在开发过程中融入课程思政元素，注重通用职业能力培养策略，让学生在模拟工作环境中主动掌握相关知识和技能，提高学生的综合职业素养并构建综合职业能力体系，为学生未来胜任工作岗位和职业晋升奠定坚实的基础。

本书基于华为网络设备搭建网络实训环境，基于真实的工作过程，采用工单活页式，以企业网络实际需求为向导，针对小型交换网络及中小型企业网络系统的规划及部署不同的项目场景，构建了六个学习情境，涵盖网络需求分析与规划、网络系统方案设计、网络与应用部署和网络测试与验收等内容，培养学生的网络设计、网络设备配置与调试和分析解决问题的能力。针对每个学习情境或学习性工作任务的具体内容，使用行动引导文的格式为每个典型工作环节设计活页表单，主要包括资讯单、计划单、决策单、实施单、检查单、评价单等。打破学科逻辑教材的“章、单元、节”的目录结构，采用行动逻辑编排目录结构，选择不同典型学习情境，并梳理各情境典型工作环节，形成以路由交换配置工作过程为导向的教材编写体系。将教学重点从大量的理论转移到与学习任务有关的材料、工作模式、原理步骤、技术要求等方面，注重培养学生的任务思维，使学生在学中做和做中学，充分调动学生的学习主动性，并将职业岗位的素质培养始终贯穿学习过程中。

本书由青海交通职业技术学院的蔡雅娟、严尔军编写，蔡雅娟担任主编并统稿。其中，学习情境一、二、三、四、六由蔡雅娟编写，学习情境五由严尔军编写。全书的编写工作得到了各方的鼓励和支持，也参考了大量资料和案例，在此对原作者及相关人士表示诚挚的谢意。

本书虽然经过多次讨论并反复修改，但由于时间仓促及编者水平有限，书中难免有不妥和错误之处，敬请读者批评指正。

编　者

2023 年 8 月

前言

目　　录

学习情境一　构建小型交换网络

任务一　梳理项目需求

1. 梳理项目需求的资讯单

<table>
<tr><td>学习情境一</td><td colspan="5">构建小型交换网络</td></tr>
<tr><td>学时</td><td colspan="5">4 学时</td></tr>
<tr><td>典型工作过程描述</td><td colspan="5">1. 梳理项目需求—2. 选择设备型号—3. 进行 VLAN 规划—4. 搭建网络拓扑—5. 配置设备数据—6. 验证项目结果</td></tr>
<tr><td>搜集资讯的方式</td><td colspan="5">1. 查看任务说明。
2. 查看参考辅导书的内容。</td></tr>
<tr><td>资讯描述</td><td colspan="5">1. 查看项目需求后，统计现有网络终端数及预留终端数。
2. 确定网络部署方式是二层网络还是三层网络。</td></tr>
<tr><td>对学生的要求</td><td colspan="5">1. 首先详细查看项目需求，明确高新办事处局域网使用一台__________进行互联，其中人事部的计算机__________台；销售部的计算机__________台；客服部的计算机__________台，所有计算机采用__________网段。在交换机中创建相应的______________以实现部门计算机的隔离。统计现有网络终端数及预留终端数。
2. 组员讨论后确定网络部署方式是二层网络还是三层网络。</td></tr>
<tr><td>参考资料</td><td colspan="5">1. 华为技术有限公司编著，《网络系统建设与运维（中级）》，人民邮电出版社，2020 年 9 月，37～44 页。
2. 教材配套微课。</td></tr>
<tr><td rowspan="3">资讯的评价</td><td>班　　级</td><td></td><td>第　　组</td><td>组长签字</td><td></td></tr>
<tr><td>教师签字</td><td></td><td>日　　期</td><td colspan="2"></td></tr>
<tr><td colspan="5">评语：</td></tr>
</table>

2. 梳理项目需求的计划单

<table>
<tr><td>学习情境一</td><td colspan="5">构建小型交换网络</td></tr>
<tr><td>学时</td><td colspan="5">4学时</td></tr>
<tr><td>典型工作过程描述</td><td colspan="5">1. 梳理项目需求—2. 选择设备型号—3. 进行VLAN规划—4. 搭建网络拓扑—5. 配置设备数据—6. 验证项目结果</td></tr>
<tr><td>计划制订的方式</td><td colspan="5">1. 查看企业任务需求说明书。
2. 依据网络需求统计现有网络终端数。
3. 统计预留终端数。
4. 确定网络部署方式。</td></tr>
<tr><td>序　　号</td><td colspan="2">具体工作步骤</td><td colspan="3">注 意 事 项</td></tr>
<tr><td>1</td><td colspan="2"></td><td colspan="3"></td></tr>
<tr><td>2</td><td colspan="2"></td><td colspan="3"></td></tr>
<tr><td>3</td><td colspan="2"></td><td colspan="3"></td></tr>
<tr><td>4</td><td colspan="2"></td><td colspan="3"></td></tr>
<tr><td rowspan="3">计划的评价</td><td>班　　级</td><td></td><td>第　　组</td><td>组长签字</td><td></td></tr>
<tr><td>教师签字</td><td></td><td>日　　期</td><td colspan="2"></td></tr>
<tr><td colspan="5">评语：</td></tr>
</table>

3. 梳理项目需求的决策单

<table>
<tr><td>学习情境一</td><td colspan="6">构建小型交换网络</td></tr>
<tr><td>学时</td><td colspan="6">4 学时</td></tr>
<tr><td>典型工作过程描述</td><td colspan="6">1. 梳理项目需求—2. 选择设备型号—3. 进行 VLAN 规划—4. 搭建网络拓扑—5. 配置设备数据—6. 验证项目结果</td></tr>
<tr><td colspan="7">计划对比</td></tr>
<tr><td>序　号</td><td colspan="5">以下哪个是完成“1. 梳理项目需求”这个典型工作环节的正确的具体步骤？</td><td>在正确项后面打√</td></tr>
<tr><td>1</td><td colspan="5">（1）查看企业任务要求说明书—（2）依据网络需求统计现有网络终端数—（3）统计预留终端数—（4）确定网络部署方式。</td><td></td></tr>
<tr><td>2</td><td colspan="5">（1）统计预留终端数—（2）依据网络需求统计现有网络终端数—（3）查看企业任务要求说明书—（4）确定网络部署方式。</td><td></td></tr>
<tr><td rowspan="3">决策的评价</td><td>班　级</td><td></td><td>第　组</td><td>组长签字</td><td colspan="2"></td></tr>
<tr><td>教师签字</td><td></td><td>日　期</td><td colspan="3"></td></tr>
<tr><td colspan="6">评语：</td></tr>
</table>

4. 梳理项目需求的实施单

<table>
<tr><td>学习情境一</td><td colspan="3">构建小型交换网络</td></tr>
<tr><td>学时</td><td colspan="3">4 学时</td></tr>
<tr><td>典型工作过程描述</td><td colspan="3">1. 梳理项目需求—2. 选择设备型号—3. 进行 VLAN 规划—4. 搭建网络拓扑—5. 配置设备数据—6. 验证项目结果</td></tr>
<tr><td>序　　号</td><td>实施的具体步骤</td><td colspan="2">注 意 事 项</td></tr>
<tr><td>1</td><td>查看企业任务需求说明书。</td><td colspan="2">注意明确企业项目需求。</td></tr>
<tr><td>2</td><td>统计________网络终端数。</td><td colspan="2">正确统计企业现有网络终端数。</td></tr>
<tr><td>3</td><td>统计________网络终端数。</td><td colspan="2">考虑企业是否有人员扩充需求。</td></tr>
<tr><td>4</td><td>确定网络部署方式。</td><td colspan="2">依据网络规模确定搭建二层网络还是三层网络。</td></tr>
<tr><td colspan="4">实施说明：
1. 查看企业任务需求说明书后，注意明确具体要求。
2. 依据网络需求统计现有网络终端数。
3. 统计预留终端数。
4. 确定网络部署方式。
补充知识点：收集的需求包括业务需求、应用需求、计算平台需求及网络需求等。其中，业务需求包括：确定主要相关人员、确定关键时间点、确定网络的设计和实施费用、确定业务活动、预测增长率、确定网络的可靠性和可用性、确定 Web 站点的 Internet 连接性、确定网络的安全性等。其中，主要相关人员包括决策者（负责审批网络设计方案或者决定投资规模的管理层）和信息提供者（负责解释业务战略长期计划和其他常见的业务需求）；确定关键时间点旨在制订项目实施计划，以确定各阶段及关键的时间点也是重要的里程碑，在计划制订后马上形成项目阶段建设日程表。</td></tr>
</table>

<table>
<tr><td rowspan="3">实施的评价</td><td>班　　级</td><td></td><td>第　　组</td><td>组长签字</td><td></td></tr>
<tr><td>教师签字</td><td></td><td>日　　期</td><td colspan="2"></td></tr>
<tr><td colspan="5">评语：</td></tr>
</table>

5. 梳理项目需求的检查单

<table>
<tr><td colspan="2">学习情境一</td><td colspan="6">构建小型交换网络</td></tr>
<tr><td colspan="2">学时</td><td colspan="6">4 学时</td></tr>
<tr><td colspan="2">典型工作过程描述</td><td colspan="6">1. 梳理项目需求—2. 选择设备型号—3. 进行 VLAN 规划—4. 搭建网络拓扑—5. 配置设备数据—6. 验证项目结果</td></tr>
<tr><td>序　号</td><td colspan="2">检查项目（具体步骤的检查）</td><td colspan="2">检 查 标 准</td><td colspan="2">小组自查（检测是否完成以下步骤，完成的打√，未完成的打×）</td><td>小组互查（检测是否完成以下步骤，完成的打√，未完成的打×）</td></tr>
<tr><td>1</td><td colspan="2">查看企业任务需求说明书。</td><td colspan="2">准确理解任务需求。</td><td colspan="2"></td><td></td></tr>
<tr><td>2</td><td colspan="2">统计现有网络终端数。</td><td colspan="2">统计正确。</td><td colspan="2"></td><td></td></tr>
<tr><td>3</td><td colspan="2">统计预留终端数。</td><td colspan="2">预留符合企业需求。</td><td colspan="2"></td><td></td></tr>
<tr><td>4</td><td colspan="2">确定网络部署方式。</td><td colspan="2">部署方式合理。</td><td colspan="2"></td><td></td></tr>
<tr><td colspan="2" rowspan="3">检查的评价</td><td>班　级</td><td></td><td>第　组</td><td>组长签字</td><td colspan="2"></td></tr>
<tr><td>教师签字</td><td></td><td>日　期</td><td colspan="3"></td></tr>
<tr><td colspan="6">评语：</td></tr>
</table>

6. 梳理项目需求的评价单

学习情境一	构建小型交换网络				
学时	4 学时				
典型工作过程描述	1. 梳理项目需求—2. 选择设备型号—3. 进行 VLAN 规划—4. 搭建网络拓扑—5. 配置设备数据—6. 验证项目结果				
评 价 项 目	评价子项目	学生/小组自评	学生/组间互评	教 师 评 价	
小组 1 梳理项目需求的阶段性结果	全面、正确、合理				
小组 2 梳理项目需求的阶段性结果	全面、正确、合理				
小组 3 梳理项目需求的阶段性结果	全面、正确、合理				
小组 4 梳理项目需求的阶段性结果	全面、正确、合理				
小组 5 梳理项目需求的阶段性结果	全面、正确、合理				
评价的评价	班　　级		第　　组	组长签字	
	教师签字		日　　期		
	评语：				

任务二　选择设备型号

1. 选择设备型号的资讯单

<table>
<tr><td>学习情境一</td><td colspan="5">构建小型交换网络</td></tr>
<tr><td>学时</td><td colspan="5">4 学时</td></tr>
<tr><td>典型工作过程描述</td><td colspan="5">1. 梳理项目需求—2. 选择设备型号—3. 进行 VLAN 规划—4. 搭建网络拓扑—5. 配置设备数据—6. 验证项目结果</td></tr>
<tr><td>搜集资讯的方式</td><td colspan="5">1. 查询 ENSP 仿真软件中 S3700、35700 设备具体参数。
2. 查询参考资料。</td></tr>
<tr><td>资讯描述</td><td colspan="5">1. 查询 ENSP 仿真软件中所提供的交换机 S3700、35700 设备具体参数。
2. 依据查询结果确定交换机型号及数量。</td></tr>
<tr><td>对学生的要求</td><td colspan="5">1. 查询 ENSP 仿真软件中所提供的交换机_________、_________设备具体参数，S3700-26C-HI 设备具体参数为：________个 10/100BASE-T 以太网接口，2 个 1000M combo 接口（10/100/1000BASET+100/1000BASEX），1 个控制端口，1 个管理端口，1 个 USB 端口；S5700-28C-HI 的具体参数为________个 10/100/1000BASE-T 以太网接口，1 个控制端口，1 个管理端口，1 个 USB 端口。
2. 组员讨论后，确定交换机型号及数量。</td></tr>
<tr><td>参考资料</td><td colspan="5">1. 华为技术有限公司编著，《网络系统建设与运维（中级）》，人民邮电出版社，2020 年 9 月，37～44 页。
2. 教材配套微课。</td></tr>
<tr><td rowspan="3">资讯的评价</td><td>班　级</td><td></td><td>第　组</td><td>组长签字</td><td></td></tr>
<tr><td>教师签字</td><td></td><td>日　期</td><td colspan="2"></td></tr>
<tr><td colspan="5">评语：</td></tr>
</table>

2. 选择设备型号的计划单

<table>
<tr><td>学习情境一</td><td colspan="5">构建小型交换网络</td></tr>
<tr><td>学时</td><td colspan="5">4 学时</td></tr>
<tr><td>典型工作过程描述</td><td colspan="5">1. 梳理项目需求—2. 选择设备型号—3. 进行 VLAN 规划—4. 搭建网络拓扑—5. 配置设备数据—6. 验证项目结果</td></tr>
<tr><td>计划制订的方式</td><td colspan="5">1. 查询设备参数。
2. 确定设备型号。
3. 确定设备数量。</td></tr>
<tr><td>序　　号</td><td colspan="2">具体工作步骤</td><td colspan="3">注 意 事 项</td></tr>
<tr><td>1</td><td colspan="2"></td><td colspan="3"></td></tr>
<tr><td>2</td><td colspan="2"></td><td colspan="3"></td></tr>
<tr><td>3</td><td colspan="2"></td><td colspan="3"></td></tr>
<tr><td rowspan="3">计划的评价</td><td>班　　级</td><td></td><td>第　　组</td><td>组长签字</td><td></td></tr>
<tr><td>教师签字</td><td></td><td>日　　期</td><td colspan="2"></td></tr>
<tr><td colspan="5">评语：</td></tr>
</table>

3．选择设备型号的决策单

<table>
<tr><td colspan="2">学习情境一</td><td colspan="5">构建小型交换网络</td></tr>
<tr><td colspan="2">学时</td><td colspan="5">4 学时</td></tr>
<tr><td colspan="2">典型工作过程描述</td><td colspan="5">1．梳理项目需求—2．选择设备型号—3．进行 VLAN 规划—4．搭建网络拓扑—5．配置设备数据—6．验证项目结果</td></tr>
<tr><td colspan="7">计划对比</td></tr>
<tr><td>序　号</td><td colspan="5">以下哪个是完成“2．选择设备型号”这个典型工作环节的正确的具体步骤？</td><td>在正确项后面打√</td></tr>
<tr><td>1</td><td colspan="5">（1）查询设备参数—（2）确定设备型号—（3）确定设备数量。</td><td></td></tr>
<tr><td>2</td><td colspan="5">（1）确定设备型号—（2）查询设备参数—（3）确定设备数量。</td><td></td></tr>
<tr><td rowspan="3">决策的评价</td><td>班　级</td><td></td><td>第　组</td><td>组长签字</td><td colspan="2"></td></tr>
<tr><td>教师签字</td><td></td><td>日　期</td><td colspan="3"></td></tr>
<tr><td colspan="6">评语：</td></tr>
</table>

4. 选择设备型号的实施单

学习情境一	构建小型交换网络
学时	4 学时
典型工作过程描述	1. 梳理项目需求—**2. 选择设备型号**—3. 进行 VLAN 规划—4. 搭建网络拓扑—5. 配置设备数据—6. 验证项目结果

序　　号	实施的具体步骤	注 意 事 项
1	查询设备参数。	关注设备关键参数：以太网端口数、以太网端口大小等。
2	确定设备型号。	已选设备型号必须满足项目需求。
3	确定设备数量。	确定设备数量必须满足项目需求。

实施说明：

1. 查询设备参数，关注设备关键参数：以太网端口数、以太网端口大小等。
2. 确定设备型号，已选设备型号必须满足项目需求。
3. 确定设备数量，已选设备数量必须满足项目需求。
4. 核心层主要完成网络的高速交换，汇聚层主要提供基于策略的连接，而接入层主要是将用户计算机工作站接入网络。
5. 接入层是面向用户层面的，主要是给众多用户提供接入到 Internet 的接口。如果用户对网络的性能要求比较高，那么就要考虑给每个用户连接一个交换机的接口。具体使用多少台接入层交换机，则要根据需容纳的用户数量来确定。

<table>
<tr><td rowspan="3">实施的评价</td><td>班　　级</td><td></td><td>第　　组</td><td>组长签字</td><td></td></tr>
<tr><td>教师签字</td><td></td><td>日　　期</td><td colspan="2"></td></tr>
<tr><td colspan="5">评语：</td></tr>
</table>

5. 选择设备型号的检查单

<table>
<tr><td colspan="2">学习情境一</td><td colspan="5">构建小型交换网络</td></tr>
<tr><td colspan="2">学时</td><td colspan="5">4 学时</td></tr>
<tr><td colspan="2">典型工作过程描述</td><td colspan="5">1. 梳理项目需求—2. 选择设备型号—3. 进行 VLAN 规划—4. 搭建网络拓扑—5. 配置设备数据—6. 验证项目结果</td></tr>
<tr><td>序　　号</td><td colspan="2">检查项目
（具体步骤的检查）</td><td>检 查 标 准</td><td>学生/小组自查</td><td colspan="2">学生/小组互查</td></tr>
<tr><td>1</td><td colspan="2">查询交换机设备参数。</td><td>参数查询完整。</td><td></td><td colspan="2"></td></tr>
<tr><td>2</td><td colspan="2">确定设备型号。</td><td>确定设备正确。</td><td></td><td colspan="2"></td></tr>
<tr><td>3</td><td colspan="2">确定设备数量。</td><td>确定数量正确。</td><td></td><td colspan="2"></td></tr>
<tr><td rowspan="3">检查的评价</td><td>班　　级</td><td colspan="2"></td><td>第　　组</td><td>组长签字</td><td></td></tr>
<tr><td>教师签字</td><td colspan="2"></td><td>日　　期</td><td colspan="2"></td></tr>
<tr><td colspan="6">评语：</td></tr>
</table>

6. 选择设备型号的评价单

<table>
<tr><td>学习情境一</td><td colspan="6">构建小型交换网络</td></tr>
<tr><td>学时</td><td colspan="6">4 学时</td></tr>
<tr><td>典型工作过程描述</td><td colspan="6">1. 梳理项目需求—2. 选择设备型号—3. 进行 VLAN 规划—4. 搭建网络拓扑—5. 配置设备数据—6. 验证项目结果</td></tr>
<tr><td>评 价 项 目</td><td>评价子项目</td><td colspan="2">学生/小组自评</td><td colspan="2">学生/组间互评</td><td>教 师 评 价</td></tr>
<tr><td>小组 1
选择设备型号
的阶段性结果</td><td>正确</td><td colspan="2"></td><td colspan="2"></td><td></td></tr>
<tr><td>小组 2
选择设备型号
的阶段性结果</td><td>正确</td><td colspan="2"></td><td colspan="2"></td><td></td></tr>
<tr><td>小组 3
选择设备型号
的阶段性结果</td><td>正确</td><td colspan="2"></td><td colspan="2"></td><td></td></tr>
<tr><td>小组 4
选择设备型号
的阶段性结果</td><td>正确</td><td colspan="2"></td><td colspan="2"></td><td></td></tr>
<tr><td>小组 5
选择设备型号
的阶段性结果</td><td>正确</td><td colspan="2"></td><td colspan="2"></td><td></td></tr>
<tr><td rowspan="3">评价的评价</td><td>班　　级</td><td></td><td>第　　组</td><td>组长签字</td><td colspan="2"></td></tr>
<tr><td>教师签字</td><td></td><td>日　　期</td><td colspan="3"></td></tr>
<tr><td colspan="6">评语：</td></tr>
</table>

任务三　进行 VLAN 规划

1．进行 VLAN 规划的资讯单

<table>
<tr><td>学习情境一</td><td colspan="5">构建小型交换网络</td></tr>
<tr><td>学时</td><td colspan="5">4 学时</td></tr>
<tr><td>典型工作过程描述</td><td colspan="5">1．梳理项目需求—2．选择设备型号—3．进行 VLAN 规划—4．搭建网络拓扑—5．配置设备数据—6．验证项目结果</td></tr>
<tr><td>搜集资讯的方式</td><td colspan="5">1．查询企业项目需求。
2．查询参考资料。</td></tr>
<tr><td>资讯描述</td><td colspan="5">1．查询企业项目需求，要求各部间隔离，需应用 VLAN。
2．查看 VLAN 规划表，完成表单内容填写，每个部门规划 1 个 VLAN。
3．查看交换机端口规划表，完成交换机端口规划表填写，端口类型为 ACCESS 模式。
4．查看 IP 地址规划表，完成 IP 地址规划表填写。</td></tr>
<tr><td>对学生的要求</td><td colspan="5">1．根据项目需求设计出拓扑图，并将草图绘制在纸上。
2．规划 VLAN，完成 VLAN 规划表填写，给每个部门规划____个 VLAN。
3．规划交换机端口，完成交换机端口规划表填写，端口类型为________模式。
4．规划 IP 地址，完成 IP 地址规划表填写。</td></tr>
<tr><td>参考资料</td><td colspan="5">1．华为技术有限公司编著，《网络系统建设与运维（中级）》，人民邮电出版社，2020 年 9 月，37～44 页。
2．教材配套微课。</td></tr>
<tr><td rowspan="3">资讯的评价</td><td>班　　级</td><td></td><td>第　　组</td><td>组长签字</td><td></td></tr>
<tr><td>教师签字</td><td></td><td>日　　期</td><td colspan="2"></td></tr>
<tr><td colspan="5">评语：</td></tr>
</table>

2. 进行 VLAN 规划的计划单

<table>
<tr><td colspan="2">学习情境一</td><td colspan="6">构建小型交换网络</td></tr>
<tr><td colspan="2">学时</td><td colspan="6">4 学时</td></tr>
<tr><td colspan="2">典型工作过程描述</td><td colspan="6">1. 梳理项目需求—2. 选择设备型号—3. 进行 VLAN 规划—4. 搭建网络拓扑—5. 配置设备数据—6. 验证项目结果</td></tr>
<tr><td colspan="2">计划制订的方式</td><td colspan="6">1. 设计网络拓扑。
2. 规划 VLAN。
3. 规划交换机端口。
4. 规划 IP 地址。</td></tr>
<tr><td>序　号</td><td colspan="4">具体工作步骤</td><td colspan="3">注 意 事 项</td></tr>
<tr><td>1</td><td colspan="4"></td><td colspan="3"></td></tr>
<tr><td>2</td><td colspan="4"></td><td colspan="3"></td></tr>
<tr><td>3</td><td colspan="4"></td><td colspan="3"></td></tr>
<tr><td>4</td><td colspan="4"></td><td colspan="3"></td></tr>
<tr><td colspan="2" rowspan="3">计划的评价</td><td>班　级</td><td></td><td colspan="2">第　组</td><td>组长签字</td><td></td></tr>
<tr><td>教师签字</td><td></td><td colspan="2">日　期</td><td colspan="2"></td></tr>
<tr><td colspan="6">评语：</td></tr>
</table>

3. 进行 VLAN 规划的决策单

<table>
<tr><td>学习情境一</td><td colspan="5">构建小型交换网络</td></tr>
<tr><td>学时</td><td colspan="5">4 学时</td></tr>
<tr><td>典型工作过程描述</td><td colspan="5">1. 梳理项目需求—2. 选择设备型号—3. 进行 VLAN 规划—4. 搭建网络拓扑—5. 配置设备数据—6. 验证项目结果</td></tr>
<tr><td colspan="6">计划对比</td></tr>
<tr><td>序　　号</td><td colspan="4">以下哪个是完成“3. 进行 VLAN 规划”这个典型工作环节的完整的具体步骤？</td><td>在正确项后面打√</td></tr>
<tr><td>1</td><td colspan="4">（1）设计网络拓扑—（2）规划 VLAN。</td><td></td></tr>
<tr><td>2</td><td colspan="4">（1）设计网络拓扑—（2）规划 VLAN—（3）规划交换机端口。</td><td></td></tr>
<tr><td>3</td><td colspan="4">（1）设计网络拓扑—（2）规划 VLAN—（3）规划交换机端口—（4）规划 IP 地址。</td><td></td></tr>
<tr><td rowspan="3">决策的评价</td><td>班　　级</td><td></td><td>第　　组</td><td>组长签字</td><td></td></tr>
<tr><td>教师签字</td><td></td><td>日　　期</td><td colspan="2"></td></tr>
<tr><td colspan="5">评语：</td></tr>
</table>

4. 进行 VLAN 规划的实施单

<table>
<tr><td>学习情境一</td><td colspan="5">构建小型交换网络</td></tr>
<tr><td>学时</td><td colspan="5">4 学时</td></tr>
<tr><td>典型工作过程描述</td><td colspan="5">1. 梳理项目需求—2. 选择设备型号—3. 进行 VLAN 规划—4. 搭建网络拓扑—5. 配置设备数据—6. 验证项目结果</td></tr>
<tr><td>序　　号</td><td colspan="2">实施的具体步骤</td><td colspan="3">注 意 事 项</td></tr>
<tr><td>1</td><td colspan="2">设计拓扑。</td><td colspan="3">手绘网络拓扑图，结构清晰。</td></tr>
<tr><td>2</td><td colspan="2">规划 VLAN。</td><td colspan="3">VLAN 划分合理，每个部门规划 1 个 VLAN。
填写附表。</td></tr>
<tr><td>3</td><td colspan="2">规划交换机端口。</td><td colspan="3">端口分配要求每部门分配连续的端口。
填写附表。</td></tr>
<tr><td>4</td><td colspan="2">规划 IP 地址。</td><td colspan="3">IP 地址分配连续。
填写附表。</td></tr>
<tr><td colspan="6">实施说明：
1. 手绘网络拓扑图，结构清晰。
2. VLAN 划分合理，每个部门规划 1 个 VLAN。
3. 端口分配要求每部门分配连续的端口。
4. IP 地址分配连续。</td></tr>
<tr><td rowspan="3">实施的评价</td><td>班　　级</td><td></td><td>第　　组</td><td>组长签字</td><td></td></tr>
<tr><td>教师签字</td><td></td><td>日　　期</td><td colspan="2"></td></tr>
<tr><td colspan="5">评语：</td></tr>
</table>

5. 进行 VLAN 规划的检查单

<table>
<tr><td>学习情境一</td><td colspan="5">构建小型交换网络</td></tr>
<tr><td>学时</td><td colspan="5">4 学时</td></tr>
<tr><td>典型工作过程描述</td><td colspan="5">1. 梳理项目需求—2. 选择设备型号—3. 进行 VLAN 规划—4. 搭建网络拓扑—5. 配置设备数据—6. 验证项目结果</td></tr>
<tr><td>序　　号</td><td>检查项目
（具体步骤的检查）</td><td>检 查 标 准</td><td colspan="2">学生/小组自查</td><td>学生/小组互查</td></tr>
<tr><td>1</td><td>设计拓扑。</td><td>结构清晰。</td><td colspan="2"></td><td></td></tr>
<tr><td>2</td><td>规划 VLAN。</td><td>3 个 VLAN。</td><td colspan="2"></td><td></td></tr>
<tr><td>3</td><td>规划交换机端口。</td><td>清晰准确。</td><td colspan="2"></td><td></td></tr>
<tr><td>4</td><td>规划 IP 地址。</td><td>清晰准确。</td><td colspan="2"></td><td></td></tr>
<tr><td rowspan="3">检查的评价</td><td>班　　级</td><td></td><td>第　　组</td><td>组长签字</td><td></td></tr>
<tr><td>教师签字</td><td></td><td>日　　期</td><td colspan="2"></td></tr>
<tr><td colspan="5">评语：</td></tr>
</table>

6. 进行 VLAN 规划的评价单

<table>
<tr><td>学习情境一</td><td colspan="5">构建小型交换网络</td></tr>
<tr><td>学时</td><td colspan="5">4 学时</td></tr>
<tr><td>典型工作过程描述</td><td colspan="5">1. 梳理项目需求—2. 选择设备型号—3. 进行 VLAN 规划—4. 搭建网络拓扑—5. 配置设备数据—6. 验证项目结果</td></tr>
<tr><td>评 价 项 目</td><td>评价子项目</td><td>学生/小组自评</td><td colspan="2">学生/组间互评</td><td>教 师 评 价</td></tr>
<tr><td>小组 1
进行 VLAN 规划的阶段性结果</td><td>清晰、准确</td><td></td><td colspan="2"></td><td></td></tr>
<tr><td>小组 2
进行 VLAN 规划的阶段性结果</td><td>清晰、准确</td><td></td><td colspan="2"></td><td></td></tr>
<tr><td>小组 3
进行 VLAN 规划的阶段性结果</td><td>清晰、准确</td><td></td><td colspan="2"></td><td></td></tr>
<tr><td>小组 4
进行 VLAN 规划的阶段性结果</td><td>清晰、准确</td><td></td><td colspan="2"></td><td></td></tr>
<tr><td rowspan="3">评价的评价</td><td>班　　级</td><td></td><td>第　　组</td><td>组长签字</td><td></td></tr>
<tr><td>教师签字</td><td></td><td>日　　期</td><td colspan="2"></td></tr>
<tr><td colspan="5">评语：</td></tr>
</table>

附表：

表 1-1　VLAN 规划表

VLAN ID	IP 地址段	用　途
VLAN10		人事部
VLAN20		销售部
VLAN30		客服部

表 1-2　端口规划表

本端设备	端口号	端口类型	所属 VLAN	对端设备
SW1	G0/0/1-4			人事部 PC
SW1	G0/0/5-12、G0/0/20			销售部 PC
SW1	G0/0/15-19、G0/0/21-23			客服部 PC

表 1-3　IP 地址规划表

计算机	IP 地址
人事部-PC1	
人事部-PC2	
销售部-PC1	
销售部-PC2	
客服部-PC1	
客服部-PC2	

任务四　搭建网络拓扑

1. 搭建网络拓扑的资讯单

<table>
<tr><td>学习情境一</td><td colspan="5">构建小型交换网络</td></tr>
<tr><td>学时</td><td colspan="5">4 学时</td></tr>
<tr><td>典型工作过程描述</td><td colspan="5">1. 梳理项目需求—2. 选择设备型号—3. 进行 VLAN 规划—4. 搭建网络拓扑—5. 配置设备数据—6. 验证项目结果</td></tr>
<tr><td>搜集资讯的方式</td><td colspan="5">1. 查看教材。
2. 查看实训手册。</td></tr>
<tr><td>资讯描述</td><td colspan="5">1. 打开 ENSP 仿真软件。
2. 查看软件菜单功能。
3. 练习网络拓扑搭建操作方法。</td></tr>
<tr><td>对学生的要求</td><td colspan="5">1. 启动 ENSP 仿真软件。
2. 新建一个工程。
3. 查看手绘设计的网络拓扑图。
4. 添加设备，完成设备连线。
5. 添加设备名称、VLAN 信息等文字标注。</td></tr>
<tr><td>参考资料</td><td colspan="5">1. 华为技术有限公司编著，《网络系统建设与运维（中级）》，人民邮电出版社，2020 年 9 月，37～44 页。
2. 教材配套微课。</td></tr>
<tr><td rowspan="3">资讯的评价</td><td>班　级</td><td></td><td>第　组</td><td>组长签字</td><td></td></tr>
<tr><td>教师签字</td><td></td><td>日　期</td><td colspan="2"></td></tr>
<tr><td colspan="5">评语：</td></tr>
</table>

2. 搭建网络拓扑的计划单

<table>
<tr><td>学习情境一</td><td colspan="6">构建小型交换网络</td></tr>
<tr><td>学时</td><td colspan="6">4 学时</td></tr>
<tr><td>典型工作过程描述</td><td colspan="6">1. 梳理项目需求—2. 选择设备型号—3. 进行 VLAN 规划—4. 搭建网络拓扑—5. 配置设备数据—6. 验证项目结果</td></tr>
<tr><td>计划制订的方式</td><td colspan="6">1. 启动 ENSP 仿真软件。
2. 新建一个工程。
3. 查看手绘设计的网络拓扑图。
4. 添加设备，完成设备连线。
5. 添加设备名称、VLAN 信息等文字标注。</td></tr>
<tr><td>序　　号</td><td colspan="2">具体工作步骤</td><td colspan="4">注 意 事 项</td></tr>
<tr><td>1</td><td colspan="2"></td><td colspan="4"></td></tr>
<tr><td>2</td><td colspan="2"></td><td colspan="4"></td></tr>
<tr><td>3</td><td colspan="2"></td><td colspan="4"></td></tr>
<tr><td>4</td><td colspan="2"></td><td colspan="4"></td></tr>
<tr><td>5</td><td colspan="2"></td><td colspan="4"></td></tr>
<tr><td rowspan="3">计划的评价</td><td>班　　级</td><td></td><td>第　　组</td><td>组长签字</td><td colspan="2"></td></tr>
<tr><td>教师签字</td><td></td><td>日　　期</td><td colspan="3"></td></tr>
<tr><td colspan="6">评语：</td></tr>
</table>

3. 搭建网络拓扑的决策单

<table>
<tr><td>学习情境一</td><td colspan="5">构建小型交换网络</td></tr>
<tr><td>学时</td><td colspan="5">4 学时</td></tr>
<tr><td>典型工作过程描述</td><td colspan="5">1. 梳理项目需求—2. 选择设备型号—3. 进行 VLAN 规划—4. 搭建网络拓扑—5. 配置设备数据—6. 验证项目结果</td></tr>
<tr><td colspan="6">计划对比</td></tr>
<tr><td>序　号</td><td colspan="4">以下哪个是完成“4. 搭建网络拓扑”这个典型工作环节的完整的具体步骤？</td><td>在正确项后面打√</td></tr>
<tr><td>1</td><td colspan="4">（1）启动 ENSP 仿真软件—（2）新建一个工程—（3）查看手绘设计的网络拓扑图—（4）添加设备，完成设备连线。</td><td></td></tr>
<tr><td>2</td><td colspan="4">（1）启动 ENSP 仿真软件—（2）新建一个工程—（3）查看手绘设计的网络拓扑图—（4）添加设备，完成设备连线—（5）添加设备名称、VLAN 信息等文字标注。</td><td></td></tr>
<tr><td rowspan="3">决策的评价</td><td>班　级</td><td></td><td>第　组</td><td>组长签字</td><td></td></tr>
<tr><td>教师签字</td><td></td><td>日　期</td><td colspan="2"></td></tr>
<tr><td colspan="5">评语：</td></tr>
</table>

4. 搭建网络拓扑的实施单

<table>
<tr><td>学习情境一</td><td colspan="5">构建小型交换网络</td></tr>
<tr><td>学时</td><td colspan="5">4 学时</td></tr>
<tr><td>典型工作过程描述</td><td colspan="5">1. 梳理项目需求—2. 选择设备型号—3. 进行 VLAN 规划—4. 搭建网络拓扑—5. 配置设备数据—6. 验证项目结果</td></tr>
<tr><td>序　　号</td><td colspan="2">实施的具体步骤</td><td colspan="3">注 意 事 项</td></tr>
<tr><td>1</td><td colspan="2">启动 ENSP 仿真软件。</td><td colspan="3">启动 ENSP 仿真软件。</td></tr>
<tr><td>2</td><td colspan="2">新建工程。</td><td colspan="3">新建工程。</td></tr>
<tr><td>3</td><td colspan="2">添加设备。</td><td colspan="3">注意设备选型符合规划。</td></tr>
<tr><td>4</td><td colspan="2">连接设备。</td><td colspan="3">注意连接端口符合规划。</td></tr>
<tr><td>5</td><td colspan="2">添加标注。</td><td colspan="3">保证标注清晰、排版美观。</td></tr>
<tr><td colspan="6">实施说明：
1. 手绘网络拓扑图，结构清晰。
2. 划分 VLAN 合理，每个部门规划 1 个 VLAN。
3. 端口分配要求每部门分配连续的端口。
4. IP 地址分配连续。</td></tr>
<tr><td rowspan="3">实施的评价</td><td>班　　级</td><td></td><td>第　　组</td><td>组长签字</td><td></td></tr>
<tr><td>教师签字</td><td></td><td>日　　期</td><td colspan="2"></td></tr>
<tr><td colspan="5">评语：</td></tr>
</table>

5. 搭建网络拓扑的检查单

<table>
<tr><td>学习情境一</td><td colspan="4">构建小型交换网络</td></tr>
<tr><td>学时</td><td colspan="4">4 学时</td></tr>
<tr><td>典型工作过程描述</td><td colspan="4">1．梳理项目需求—2．选择设备型号—3．进行 VLAN 规划—4．搭建网络拓扑—5．配置设备数据—6．验证项目结果</td></tr>
<tr><td>序　　号</td><td>检查项目
（具体步骤的检查）</td><td>检 查 标 准</td><td>学生/小组自查</td><td>学生/小组互查</td></tr>
<tr><td>1</td><td>启动 ENSP 仿真软件。</td><td>启动 ENSP 仿真软件。</td><td></td><td></td></tr>
<tr><td>2</td><td>新建工程。</td><td>新建工程。</td><td></td><td></td></tr>
<tr><td>3</td><td>添加设备。</td><td>注意设备选型符合规划。</td><td></td><td></td></tr>
<tr><td>4</td><td>连接设备。</td><td>注意连接端口符合规划。</td><td></td><td></td></tr>
<tr><td>5</td><td>添加标注。</td><td>保证标注清晰、排版美观。</td><td></td><td></td></tr>
</table>

<table>
<tr><td rowspan="3">检查的评价</td><td>班　　级</td><td></td><td>第　　组</td><td>组长签字</td><td></td></tr>
<tr><td>教师签字</td><td></td><td>日　　期</td><td colspan="2"></td></tr>
<tr><td colspan="5">评语：</td></tr>
</table>

6. 搭建网络拓扑的评价单

<table>
<tr><td>学习情境一</td><td colspan="4">构建小型交换网络</td></tr>
<tr><td>学时</td><td colspan="4">4 学时</td></tr>
<tr><td>典型工作过程描述</td><td colspan="4">1．梳理项目需求—2．选择设备型号—3．进行 VLAN 规划—4．搭建网络拓扑—5．配置设备数据—6．验证项目结果</td></tr>
<tr><td>评 价 项 目</td><td>评价子项目</td><td>学生/小组自评</td><td>学生/组间互评</td><td>教 师 评 价</td></tr>
<tr><td>小组 1
搭建网络拓扑
的阶段性结果</td><td>清晰、准确</td><td></td><td></td><td></td></tr>
<tr><td>小组 2
搭建网络拓扑
的阶段性结果</td><td>清晰、准确</td><td></td><td></td><td></td></tr>
<tr><td>小组 3
搭建网络拓扑
的阶段性结果</td><td>清晰、准确</td><td></td><td></td><td></td></tr>
<tr><td>小组 4
搭建网络拓扑
的阶段性结果</td><td>清晰、准确</td><td></td><td></td><td></td></tr>
</table>

<table>
<tr><td rowspan="3">评价的评价</td><td>班　　级</td><td></td><td>第　　组</td><td>组长签字</td><td></td></tr>
<tr><td>教师签字</td><td></td><td>日　　期</td><td colspan="2"></td></tr>
<tr><td colspan="5">评语：</td></tr>
</table>

任务五　配置设备数据

1. 配置设备数据的资讯单

<table>
<tr><td>学习情境一</td><td colspan="5">构建小型交换网络</td></tr>
<tr><td>学时</td><td colspan="5">4 学时</td></tr>
<tr><td>典型工作过程描述</td><td colspan="5">1. 梳理项目需求—2. 选择设备型号—3. 进行 VLAN 规划—4. 搭建网络拓扑—5. 配置设备数据—6. 验证项目结果</td></tr>
<tr><td>搜集资讯的方式</td><td colspan="5">1. 查看教材。
2. 查看实操指导手册。</td></tr>
<tr><td>资讯描述</td><td colspan="5">1. 打开 ENSP 仿真软件。
2. 查看软件菜单功能。
3. 练习网络拓扑搭建操作方法。</td></tr>
<tr><td>对学生的要求</td><td colspan="5">1. 启动二层交换机，鼠标左键双击设备进入命令行视图 CLI；输入命令__________，命令行从用户视图进入系统视图。
2. 华为默认设备名称为 huawei，为了方便后期维护和故障定位及网络的规范性，需要对网络设备进行规范化命名。命名规则为城市-设备的设置地点-设备的功能属性和序号-设备型号。交换机可以命名为 XN-XNCenter-Access01-S5700；修改设备名称命令为__________。
3. 根据 VLAN 规划表为各部门创建相应的__________。
4. 将端口划分至相应 VLAN 时，既可以每个端口逐一进行，也可以为了提高配置速率，将同一 VLAN 端口组成端口组__________，将该端口组类型配置为__________模式，再将该端口组划分到相应的 VLAN。</td></tr>
<tr><td>参考资料</td><td colspan="5">1. 华为技术有限公司编著，《网络系统建设与运维（中级）》，人民邮电出版社，2020 年 9 月，37～44 页。
2. 实操指导手册。</td></tr>
<tr><td rowspan="3">资讯的评价</td><td>班　级</td><td></td><td>第　组</td><td>组长签字</td><td></td></tr>
<tr><td>教师签字</td><td></td><td>日　期</td><td colspan="2"></td></tr>
<tr><td colspan="5">评语：</td></tr>
</table>

2. 配置设备数据的计划单

学习情境一	构建小型交换网络
学时	4 学时
典型工作过程描述	1. 梳理项目需求—2. 选择设备型号—3. 进行 VLAN 规划—4. 搭建网络拓扑—**5. 配置设备数据**—6. 验证项目结果
计划制订的方式	1. 启动二层交换机。 2. 进入系统视图。 3. 修改设备名称。 4. 创建 VLAN。 5. 划分端口至相应 VLAN。 6. 配置计算机 IP 地址。

序　　号	具体工作步骤	注 意 事 项
1		
2		
3		
4		
5		
6		

<table>
<tr><td rowspan="3">计划的评价</td><td>班　　级</td><td></td><td>第　　组</td><td>组长签字</td><td></td></tr>
<tr><td>教师签字</td><td></td><td>日　　期</td><td colspan="2"></td></tr>
<tr><td colspan="5">评语：</td></tr>
</table>

3. 配置设备数据的决策单

<table>
<tr><td>学习情境一</td><td colspan="5">构建小型交换网络</td></tr>
<tr><td>学时</td><td colspan="5">4 学时</td></tr>
<tr><td>典型工作过程描述</td><td colspan="5">1．梳理项目需求—2．选择设备型号—3．进行 VLAN 规划—4．搭建网络拓扑—5．配置设备数据—6．验证项目结果</td></tr>
<tr><td colspan="6">计划对比</td></tr>
<tr><td>序　　号</td><td colspan="4">以下哪个是完成“5. 配置设备数据”这个典型工作环节的完整的具体步骤？</td><td>在正确项后面打√</td></tr>
<tr><td>1</td><td colspan="4">（1）启动二层交换机—（2）进入系统视图—（3）修改设备名称—（4）创建 VLAN。</td><td></td></tr>
<tr><td>2</td><td colspan="4">（1）启动二层交换机—（2）进入系统视图—（3）修改设备名称—（4）创建 VLAN—（5）划分端口至相应 VLAN。</td><td></td></tr>
<tr><td>3</td><td colspan="4">（1）启动二层交换机—（2）进入系统视图—（3）修改设备名称—（4）创建 VLAN—（5）划分端口至相应 VLAN—（6）配置计算机 IP 地址。</td><td></td></tr>
<tr><td rowspan="3">决策的评价</td><td>班　　级</td><td></td><td>第　　组</td><td>组长签字</td><td></td></tr>
<tr><td>教师签字</td><td></td><td>日　　期</td><td colspan="2"></td></tr>
<tr><td colspan="5">评语：</td></tr>
</table>

4．配置设备数据的实施单

学习情境一	构建小型交换网络	
学时	4 学时	
典型工作过程描述	1．梳理项目需求—2．选择设备型号—3．进行 VLAN 规划—4．搭建网络拓扑—**5．配置设备数据**—6．验证项目结果	
序　　号	**实施的具体步骤**	**注 意 事 项**
1	启动二层交换机	启动二层交换机后，进入 CLI 视图。
2	进入系统视图 输入命令____________	系统视图中可配置设备的系统参数等。
3	修改设备名称 输入命令 sysname XN-XNCenter-Access01-S5700	命名规则为城市-设备的设置地点-设备的功能属性和序号-设备型号。交换机可以命名为 XN-XNCenter-Access01-S5700。
4	创建 VLAN vlan ____ vlan ____ vlan ____ 或者　vlan _____　10 20 30	注意 VLAN 与规划一致。 创建一个 VLAN 后，也可在 VLAN 视图下修改 VLAN 备注，如：description renshibu。
5	划分端口至相应 VLAN 部分命令为 port-group group-member G0/0/1 to G0/0/4 port link-type ___________ port default vlan 10	将端口划分至相应 VLAN 时，既可以每个端口逐一进行，也可以为了提高配置速率，将同一 VLAN 端口组成端口组，将该端口组类型配置为 ACCESS 模式，再将该端口组划分到相应的 VLAN。
6	配置计算机 IP 地址	用 IPv4 静态配置，分别填写 IP 地址、子网掩码。

实施说明：

1．输入命令时注意快捷键使用，比如：向上方向键可以显示历史命令；Tab 键可以补全命令或是显示命令前几个字母一致的所有命令。

2．输入命令时注意正确性。

实施的评价	班　　级		第　　组		组长签字	
	教师签字		日　　期			
	评语：					

5. 配置设备数据的检查单

<table>
<tr><td>学习情境一</td><td colspan="5">构建小型交换网络</td></tr>
<tr><td>学时</td><td colspan="5">4 学时</td></tr>
<tr><td>典型工作过程描述</td><td colspan="5">1. 梳理项目需求—2. 选择设备型号—3. 进行 VLAN 规划—4. 搭建网络拓扑—5. 配置设备数据—6. 验证项目结果</td></tr>
<tr><td>序　　号</td><td>检查项目
（具体步骤的检查）</td><td>检 查 标 准</td><td colspan="2">学生/小组自查</td><td>学生/小组互查</td></tr>
<tr><td>1</td><td>启动二层交换机。</td><td>正常启动。</td><td colspan="2"></td><td></td></tr>
<tr><td>2</td><td>进入系统视图。</td><td>视图正确。</td><td colspan="2"></td><td></td></tr>
<tr><td>3</td><td>修改设备名称。</td><td>名称正确。</td><td colspan="2"></td><td></td></tr>
<tr><td>4</td><td>创建 VLAN。</td><td>VLAN 正确。</td><td colspan="2"></td><td></td></tr>
<tr><td>5</td><td>划分端口至相应 VLAN。</td><td>正确。</td><td colspan="2"></td><td></td></tr>
<tr><td>6</td><td>配置计算机 IP 地址。</td><td>正确。</td><td colspan="2"></td><td></td></tr>
<tr><td rowspan="3">检查的评价</td><td>班　　级</td><td></td><td>第　　组</td><td>组长签字</td><td></td></tr>
<tr><td>教师签字</td><td></td><td>日　　期</td><td colspan="2"></td></tr>
<tr><td colspan="5">评语：</td></tr>
</table>

6. 配置设备数据的评价单

<table>
<tr><td>学习情境一</td><td colspan="5">构建小型交换网络</td></tr>
<tr><td>学时</td><td colspan="5">4 学时</td></tr>
<tr><td>典型工作过程描述</td><td colspan="5">1. 梳理项目需求—2. 选择设备型号—3. 进行 VLAN 规划—4. 搭建网络拓扑—5. 配置设备数据—6. 验证项目结果</td></tr>
<tr><td colspan="2">评 价 项 目</td><td>评价子项目</td><td>学生/小组自评</td><td>学生/组间互评</td><td>教 师 评 价</td></tr>
<tr><td colspan="2">小组 1
配置设备数据
的阶段性结果</td><td>正确率、完成速度</td><td></td><td></td><td></td></tr>
<tr><td colspan="2">小组 2
配置设备数据
的阶段性结果</td><td>正确率、完成速度</td><td></td><td></td><td></td></tr>
<tr><td colspan="2">小组 3
配置设备数据
的阶段性结果</td><td>正确率、完成速度</td><td></td><td></td><td></td></tr>
<tr><td colspan="2">小组 4
配置设备数据
的阶段性结果</td><td>正确率、完成速度</td><td></td><td></td><td></td></tr>
<tr><td colspan="2">小组 5
配置设备数据
的阶段性结果</td><td>正确率、完成速度</td><td></td><td></td><td></td></tr>
<tr><td rowspan="3">评价的评价</td><td>班　　级</td><td></td><td>第　　组</td><td>组长签字</td><td></td></tr>
<tr><td>教师签字</td><td></td><td>日　　期</td><td colspan="2"></td></tr>
<tr><td colspan="5">评语：</td></tr>
</table>

任务六 验证项目结果

1. 验证项目结果的资讯单

学习情境一	构建小型交换网络				
学时	4 学时				
典型工作过程描述	1. 梳理项目需求—2. 选择设备型号—3. 进行 VLAN 规划—4. 搭建网络拓扑—5. 配置设备数据—**6. 验证项目结果**				
搜集资讯的方式	1. 查看教材。 2. 查看实操指导手册。				
资讯描述	1. 查看教材中 VLAN 配置内容。 2. 查看实操指导手册验证项目结果方法步骤。				
对学生的要求	1. 输入___________命令，验证交换机的 VLAN 配置信息。 2. 输入 display vlan ___________命令，查看所有 VLAN 的汇总信息。 3. 通过 Ping 命令，分别完成以下测试： （1）人事部内各计算机间 Ping 测。 （2）销售部内各计算机间 Ping 测。 （3）客服部内各计算机间 Ping 测。 （4）使用人事部的计算机 Ping 销售部的计算机。 （5）使用人事部的计算机 Ping 研发部的计算机。				
参考资料	1. 华为技术有限公司编著，《网络系统建设与运维（中级）》，人民邮电出版社，2020 年 9 月，37～44 页。 2. 实操指导手册。				
资讯的评价	班　　级		第　　组	组长签字	
	教师签字		日　　期		
	评语：				

2. 验证项目结果的计划单

<table>
<tr><td>学习情境一</td><td colspan="5">构建小型交换网络</td></tr>
<tr><td>学时</td><td colspan="5">4 学时</td></tr>
<tr><td>典型工作过程描述</td><td colspan="5">1. 梳理项目需求—2. 选择设备型号—3. 进行 VLAN 规划—4. 搭建网络拓扑—5. 配置设备数据—6. 验证项目结果</td></tr>
<tr><td>计划制订的方式</td><td colspan="5">1. 验证交换机 VLAN 配置信息。
2. 测试各部门计算机互通性。</td></tr>
<tr><td>序　　号</td><td colspan="2">具体工作步骤</td><td colspan="3">注 意 事 项</td></tr>
<tr><td>1</td><td colspan="2"></td><td colspan="3"></td></tr>
<tr><td>2</td><td colspan="2"></td><td colspan="3"></td></tr>
<tr><td>3</td><td colspan="2"></td><td colspan="3"></td></tr>
<tr><td>4</td><td colspan="2"></td><td colspan="3"></td></tr>
<tr><td>5</td><td colspan="2"></td><td colspan="3"></td></tr>
<tr><td>6</td><td colspan="2"></td><td colspan="3"></td></tr>
<tr><td rowspan="3">计划的评价</td><td>班　　级</td><td></td><td>第　　组</td><td>组长签字</td><td></td></tr>
<tr><td>教师签字</td><td></td><td>日　　期</td><td colspan="2"></td></tr>
<tr><td colspan="5">评语：</td></tr>
</table>

3. 验证项目结果的决策单

<table>
<tr><td>学习情境一</td><td colspan="6">构建小型交换网络</td></tr>
<tr><td>学时</td><td colspan="6">4 学时</td></tr>
<tr><td>典型工作过程描述</td><td colspan="6">1. 梳理项目需求—2. 选择设备型号—3. 进行 VLAN 规划—4. 搭建网络拓扑—5. 配置设备数据—6. 验证项目结果</td></tr>
<tr><td colspan="7">计划对比</td></tr>
<tr><td>序　　号</td><td colspan="5">以下哪个是完成“验证项目结果”这个典型工作环节的完整的具体步骤？</td><td>在正确项后面打√</td></tr>
<tr><td>1</td><td colspan="5">（1）验证交换机 VLAN 配置信息—（2）相同 VLAN 计算机间互 PING。</td><td></td></tr>
<tr><td>2</td><td colspan="5">（1）验证交换机 VLAN 配置信息—（2）相同 VLAN 计算机间互 PING—（3）不同 VLAN 计算机间互 PING。</td><td></td></tr>
<tr><td rowspan="3">决策的评价</td><td>班　　级</td><td></td><td>第　　组</td><td>组长签字</td><td colspan="2"></td></tr>
<tr><td>教师签字</td><td></td><td>日　　期</td><td colspan="3"></td></tr>
<tr><td colspan="6">评语：</td></tr>
</table>

4. 验证项目结果的实施单

<table>
<tr><td>学习情境一</td><td colspan="5">构建小型交换网络</td></tr>
<tr><td>学时</td><td colspan="5">4 学时</td></tr>
<tr><td>典型工作过程描述</td><td colspan="5">1. 梳理项目需求—2. 选择设备型号—3. 进行 VLAN 规划—4. 搭建网络拓扑—5. 配置设备数据—6. 验证项目结果</td></tr>
<tr><td>序　　号</td><td colspan="2">实施的具体步骤</td><td colspan="3">注 意 事 项</td></tr>
<tr><td>1</td><td colspan="2">验证交换机__________配置信息。</td><td colspan="3">输入命令 display vlan、display vlan summary 对比 VLAN 信息是否与规划一致。</td></tr>
<tr><td>2</td><td colspan="2">测试各部门计算机___________。</td><td colspan="3">相同 VLAN 中的计算机间互 PING，不同 VLAN 中的计算机间互 PING。
得出结论：
将端口加入不同的 VLAN 后，相同 VLAN 中的计算机_______（能/不能）互相通信，不同 VLAN 中的计算机________（能/不能）互相通信。</td></tr>
<tr><td colspan="6">实施说明：
1．输入命令 display vlan 后，详细查看显示信息，对比 VLAN 信息是否与规划一致。
2．PING 测试时，相同 VLAN 中的计算机间互 PING，不同 VLAN 中的计算机间互 PING，最终应能得出结论：将端口加入不同的 VLAN 后，相同 VLAN 中的计算机可以互相通信，不同 VLAN 中的计算机则不可以互相通信。</td></tr>
<tr><td rowspan="3">实施的评价</td><td>班　　级</td><td></td><td>第　　组</td><td>组长签字</td><td></td></tr>
<tr><td>教师签字</td><td></td><td>日　　期</td><td colspan="2"></td></tr>
<tr><td colspan="5">评语：</td></tr>
</table>

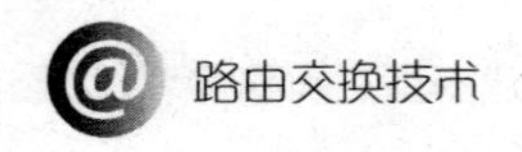

5．验证项目结果的检查单

<table>
<tr><td>学习情境一</td><td colspan="6">构建小型交换网络</td></tr>
<tr><td>学时</td><td colspan="6">4 学时</td></tr>
<tr><td>典型工作过程描述</td><td colspan="6">1．梳理项目需求—2．选择设备型号—3．进行 VLAN 规划—4．搭建网络拓扑—5．配置设备数据—6．验证项目结果</td></tr>
<tr><td>序　　号</td><td colspan="2">检查项目
（具体步骤的检查）</td><td>检 查 标 准</td><td colspan="2">学生/小组自查</td><td>学生/小组互查</td></tr>
<tr><td>1</td><td colspan="2">验证交换机 VLAN 配置信息。</td><td>验证配置正确。</td><td colspan="2"></td><td></td></tr>
<tr><td>2</td><td colspan="2">测试各部门计算机互通性。</td><td>相同 VLAN 中的计算机间互 PING 能通；
不同 VLAN 中的计算机间互 PING 不通。</td><td colspan="2"></td><td></td></tr>
<tr><td rowspan="3">检查的评价</td><td>班　　级</td><td></td><td>第　　组</td><td>组长签字</td><td colspan="2"></td></tr>
<tr><td>教师签字</td><td></td><td>日　　期</td><td colspan="3"></td></tr>
<tr><td colspan="6">评语：</td></tr>
</table>

6. 验证项目结果的评价单

<table>
<tr><td>学习情境一</td><td colspan="5">构建小型交换网络</td></tr>
<tr><td>学时</td><td colspan="5">4 学时</td></tr>
<tr><td>典型工作过程描述</td><td colspan="5">1. 梳理项目需求—2. 选择设备型号—3. 进行 VLAN 规划—4. 搭建网络拓扑—5. 配置设备数据—6. 验证项目结果</td></tr>
<tr><td>评价项目</td><td>评价子项目</td><td>学生/小组自评</td><td colspan="2">学生/组间互评</td><td>教师评价</td></tr>
<tr><td>小组 1
验证项目结果
的阶段性结果</td><td>正确率、完成速度</td><td></td><td colspan="2"></td><td></td></tr>
<tr><td>小组 2
验证项目结果
的阶段性结果</td><td>正确率、完成速度</td><td></td><td colspan="2"></td><td></td></tr>
<tr><td>小组 3
验证项目结果
的阶段性结果</td><td>正确率、完成速度</td><td></td><td colspan="2"></td><td></td></tr>
<tr><td>小组 4
验证项目结果
的阶段性结果</td><td>正确率、完成速度</td><td></td><td colspan="2"></td><td></td></tr>
<tr><td rowspan="3">评价的评价</td><td>班　　级</td><td></td><td>第　　组</td><td>组长签字</td><td></td></tr>
<tr><td>教师签字</td><td></td><td>日　　期</td><td colspan="2"></td></tr>
<tr><td colspan="5">评语：</td></tr>
</table>

学习情境二　进行项目规划

任务一　梳理项目需求

1．梳理项目需求的资讯单

<table>
<tr><td>学习场</td><td colspan="5">配置路由器和交换机</td></tr>
<tr><td>学习情境二</td><td colspan="5">进行项目规划</td></tr>
<tr><td>学时</td><td colspan="5">0.1 学时</td></tr>
<tr><td>典型工作过程描述</td><td colspan="5">1．梳理项目需求—2．选择设备型号—3．确定使用技术—4．实施具体规划</td></tr>
<tr><td>搜集资讯的方式</td><td colspan="5">线下书籍及线上资源：项目规划。</td></tr>
<tr><td>资讯描述</td><td colspan="5">描述梳理项目需求的方法思路。</td></tr>
<tr><td>对学生的要求</td><td colspan="5">1．能正确进行梳理项目需求，掌握规划内容及要点。
2．能掌握收集需求包含的内容，包括业务需求、应用需求、计算平台需求及网络需求等。其中，业务需求包括确定主要相关人员、确定关键时间点、确定网络的设计和实施费用、确定业务活动、预测增长率、确定网络的可靠性和可用性、确定 Web 站点的 Internet 连接性、确定网络的安全性等。其中，主要相关人员包括决策者（负责审批网络设计方案，或者决定投资规模的管理层）和信息提供者（负责解释业务战略长期计划和其他常见的业务需求）；确定关键时间点旨在制订项目实施计划，以确定各阶段任务及关键时间点，在计划制订后即形成项目阶段建设日程表。</td></tr>
<tr><td>参考资料</td><td colspan="5">1．华为技术有限公司编著，《网络系统建设与运维（中级）》，人民邮电出版社，2020 年 9 月。
2．教材及配套微课。</td></tr>
<tr><td rowspan="3">资讯的评价</td><td>班　　级</td><td></td><td>第　　组</td><td>组长签字</td><td></td></tr>
<tr><td>教师签字</td><td></td><td>日　　期</td><td colspan="2"></td></tr>
<tr><td colspan="5">评语：</td></tr>
</table>

2. 梳理项目需求的计划单

<table>
<tr><td>学习情境二</td><td colspan="5">进行项目规划</td></tr>
<tr><td>学时</td><td colspan="5">0.1 学时</td></tr>
<tr><td>典型工作过程描述</td><td colspan="5">1．梳理项目需求—2．选择设备型号—3．确定使用技术—4．实施具体规划</td></tr>
<tr><td>计划制订的方式</td><td colspan="5">小组讨论</td></tr>
<tr><td>序　　号</td><td colspan="2">工 作 步 骤</td><td colspan="3">注 意 事 项</td></tr>
<tr><td>1</td><td colspan="2"></td><td colspan="3"></td></tr>
<tr><td>2</td><td colspan="2"></td><td colspan="3"></td></tr>
<tr><td>3</td><td colspan="2"></td><td colspan="3"></td></tr>
<tr><td>4</td><td colspan="2"></td><td colspan="3"></td></tr>
<tr><td rowspan="3">计划的评价</td><td>班　　级</td><td></td><td>第　　组</td><td>组长签字</td><td></td></tr>
<tr><td>教师签字</td><td></td><td>日　　期</td><td colspan="2"></td></tr>
<tr><td colspan="5">评语：</td></tr>
</table>

3．梳理项目需求的决策单

学习情境二	进行项目规划				
学时	0.1 学时				
典型工作过程描述	**1．梳理项目需求**—2．选择设备型号—3．确定使用技术—4．实施具体规划				
计划对比					
序　号	计划的可行性	计划的经济性	计划的可操作性	计划的实施难度	综合评价
1					
2					
3					
4					
5					
6					
7					
8					
决策的评价	班　级		第　组	组长签字	
	教师签字		日　期		
	评语：				

4．梳理项目需求的实施单

<table>
<tr><td colspan="2">学习情境二</td><td colspan="4">进行项目规划</td></tr>
<tr><td colspan="2">学时</td><td colspan="4">0.5 学时</td></tr>
<tr><td colspan="2">典型工作过程描述</td><td colspan="4">1．梳理项目需求—2．选择设备型号—3．确定使用技术—4．实施具体规划</td></tr>
<tr><td>序　　号</td><td colspan="2">实施的具体步骤</td><td colspan="3">注 意 事 项</td></tr>
<tr><td>1</td><td colspan="2">分析网络规模：
（1）统计现有网络终端数。
（2）统计预留终端数。</td><td colspan="3" rowspan="3">中小型企业网络设计原则：
1．实用性和经济性
系统建设应始终贯穿面向应用的企业网络设计，注重实效的方针，坚持实用、经济的原则，建设企业的网络系统。
2．先进性和成熟性
企业网络设计既要采用先进的概念、技术和方法，又要注意结构、设备、工具的相对成熟。不但能反映当今的先进水平，而且具有发展潜力，能保证在未来若干年内企业网络仍处于领先地位，这是企业网络设计必须考虑的要素。
3．可靠性和稳定性
在考虑技术先进性和开放性的同时，企业网络设计还应从系统结构、技术措施、设备性能、系统管理、厂商技术支持及维修能力等方面着手，确保系统运行的可靠性和稳定性，达到最大的平均无故障时间，TP-LINK 网络作为国内知名品牌，网络领导厂商，其产品的可靠性和稳定性是一流的。
4．安全性和保密性
在企业网络设计的系统设计中，既要考虑信息资源的充分共享，更要注意信息的保护和隔离，因此系统应分别针对不同的应用和不同的网络通信环境，采取不同的措施，包括系统安全机制、数据存取的权限控制等，TP-LINK 网络充分考虑安全性，针对小型企业的各种应用，有多种的保护机制，如划分 VLAN、MAC 地址绑定、802.1x、802.1d 等。
5．可扩展性和易维护性
为了适应系统变化的要求，企业网络设计必须充分考虑以最简便的方法、最低的投资，实现系统的扩展和维护，采用可网管产品，降低人力资源的费用，提高网络的易用性。</td></tr>
<tr><td>2</td><td colspan="2">分析网络部署方式：
（1）掌握各部门办公室楼层分布情况。
（2）确定网络部署方式：传统三层结构。</td></tr>
<tr><td>3</td><td colspan="2">分析网络安全：
（1）学院配有一个公网 IP 地址，所有教职人员都有访问 Internet 的需求，可以在出口路由器上配置 NAT。
（2）为方便网络管理员对设备进行远程管理，需要启用所有设备的 SSH 服务。</td></tr>
<tr><td colspan="6">实施说明：
收集的需求包括业务需求、应用需求、计算平台需求及网络需求等。其中，业务需求包括确定主要相关人员、确定关键时间点、确定网络的设计和实施费用、确定业务活动、预测增长率、确定网络的可靠性和可用性、确定 Web 站点的 Internet 连接性、确定网络的安全性等。其中，主要相关人员包括决策者（负责审批网络设计方案，或者决定投资规模的管理层）和信息提供者（负责解释业务战略长期计划和其他常见的业务需求）；确定关键时间点旨在制订项目实施计划，以确定各阶段及关键的时间点，在计划设定后即形成项目阶段建设日程表。</td></tr>
<tr><td rowspan="3">实施的评价</td><td>班　　级</td><td></td><td>第　　组</td><td>组长签字</td><td></td></tr>
<tr><td>教师签字</td><td></td><td>日　　期</td><td colspan="2"></td></tr>
<tr><td colspan="5">评语：</td></tr>
</table>

5. 梳理项目需求的检查单

<table>
<tr><td>学习情境二</td><td colspan="5">进行项目规划</td></tr>
<tr><td>学时</td><td colspan="5">0.1 学时</td></tr>
<tr><td>典型工作过程描述</td><td colspan="5">1. 梳理项目需求—2. 选择设备型号—3. 确定使用技术—4. 实施具体规划</td></tr>
<tr><td>序　　号</td><td>检查项目</td><td>检查标准</td><td colspan="2">学生自查</td><td>教师检查</td></tr>
<tr><td>1</td><td>项目需求分析全面性。</td><td>与客户需求对照一致。</td><td colspan="2"></td><td></td></tr>
<tr><td>2</td><td>项目需求分析合理性。</td><td>是否符合原则。</td><td colspan="2"></td><td></td></tr>
<tr><td rowspan="3">检查的评价</td><td>班　　级</td><td></td><td>第　　组</td><td>组长签字</td><td></td></tr>
<tr><td>教师签字</td><td></td><td>日　　期</td><td colspan="2"></td></tr>
<tr><td colspan="5">评语：</td></tr>
</table>

6. 梳理项目需求的评价单

<table>
<tr><td>学习情境二</td><td colspan="6">进行项目规划</td></tr>
<tr><td>学时</td><td colspan="6">0.1 学时</td></tr>
<tr><td>典型工作过程描述</td><td colspan="6">1．梳理项目需求—2．选择设备型号—3．确定使用技术—4．实施具体规划</td></tr>
<tr><td>评 价 项 目</td><td>评价子项目</td><td colspan="2">学生/小组自评</td><td colspan="2">学生/组间互评</td><td>教 师 评 价</td></tr>
<tr><td>项目需求分析全面性。</td><td>项目需求分析全面性。</td><td colspan="2"></td><td colspan="2"></td><td></td></tr>
<tr><td>项目需求分析合理性。</td><td>项目需求分析合理性。</td><td colspan="2"></td><td colspan="2"></td><td></td></tr>
<tr><td rowspan="3">评价的评价</td><td>班　　级</td><td></td><td>第　　组</td><td>组长签字</td><td colspan="2"></td></tr>
<tr><td>教师签字</td><td></td><td>日　　期</td><td colspan="3"></td></tr>
<tr><td colspan="6">评语：</td></tr>
</table>

任务二　选择设备型号

1. 选择设备型号的资讯单

<table>
<tr><td>学习情境二</td><td colspan="6">进行项目规划</td></tr>
<tr><td>学时</td><td colspan="6">0.1 学时</td></tr>
<tr><td>典型工作过程描述</td><td colspan="6">1．梳理项目需求—2．选择设备型号—3．确定使用技术—4．实施具体规划</td></tr>
<tr><td>搜集资讯的方式</td><td colspan="6">线下书籍及线上资源：项目规划。</td></tr>
<tr><td>资讯描述</td><td colspan="6">熟悉不同设备的型号、特征、性能。</td></tr>
<tr><td>对学生的要求</td><td colspan="6">1．能结合项目需求选择相关设备的型号及数量。
2．能养成自主学习的良好习惯。
3．能培养团队合作能力。</td></tr>
<tr><td>参考资料</td><td colspan="6">1．华为技术有限公司编著，《网络系统建设与运维（中级）》，人民邮电出版社，2020 年 9 月。
2．教材及配套微课。</td></tr>
<tr><td rowspan="3">资讯的评价</td><td>班　　级</td><td></td><td>第　　组</td><td>组长签字</td><td></td><td></td></tr>
<tr><td>教师签字</td><td></td><td>日　　期</td><td colspan="3"></td></tr>
<tr><td colspan="6">评语：</td></tr>
</table>

2. 选择设备型号的计划单

<table>
<tr><td>学习情境二</td><td colspan="6">进行项目规划</td></tr>
<tr><td>学时</td><td colspan="6">0.1 学时</td></tr>
<tr><td>典型工作过程描述</td><td colspan="6">1．梳理项目需求—2．选择设备型号—3．确定使用技术—4．实施具体规划</td></tr>
<tr><td>计划制订的方式</td><td colspan="6">小组讨论</td></tr>
<tr><td>序　号</td><td colspan="3">工 作 步 骤</td><td colspan="3">注 意 事 项</td></tr>
<tr><td>1</td><td colspan="3"></td><td colspan="3"></td></tr>
<tr><td>2</td><td colspan="3"></td><td colspan="3"></td></tr>
<tr><td>3</td><td colspan="3"></td><td colspan="3"></td></tr>
<tr><td>4</td><td colspan="3"></td><td colspan="3"></td></tr>
<tr><td rowspan="3">计划的评价</td><td>班　级</td><td></td><td>第　组</td><td>组长签字</td><td colspan="2"></td></tr>
<tr><td>教师签字</td><td></td><td>日　期</td><td colspan="3"></td></tr>
<tr><td colspan="6">评语：</td></tr>
</table>

3．选择设备型号的决策单

<table>
<tr><td>学习情境二</td><td colspan="5">进行项目规划</td></tr>
<tr><td>学时</td><td colspan="5">0.1 学时</td></tr>
<tr><td>典型工作过程描述</td><td colspan="5">1．梳理项目需求—2．选择设备型号—3．确定使用技术—4．实施具体规划</td></tr>
<tr><td colspan="6">计划对比</td></tr>
<tr><td>序　号</td><td>计划的可行性</td><td>计划的经济性</td><td>计划的可操作性</td><td>计划的实施难度</td><td>综 合 评 价</td></tr>
<tr><td>1</td><td></td><td></td><td></td><td></td><td></td></tr>
<tr><td>2</td><td></td><td></td><td></td><td></td><td></td></tr>
<tr><td>3</td><td></td><td></td><td></td><td></td><td></td></tr>
<tr><td>4</td><td></td><td></td><td></td><td></td><td></td></tr>
<tr><td>5</td><td></td><td></td><td></td><td></td><td></td></tr>
<tr><td>6</td><td></td><td></td><td></td><td></td><td></td></tr>
<tr><td rowspan="3">决策的评价</td><td>班　级</td><td></td><td>第　组</td><td>组长签字</td><td></td></tr>
<tr><td>教师签字</td><td></td><td>日　期</td><td colspan="2"></td></tr>
<tr><td colspan="5">评语：</td></tr>
</table>

4. 选择设备型号的实施单

学习情境二	进行项目规划	
学时	0.5 学时	
典型工作过程描述	1．梳理项目需求—**2．选择设备型号**—3．确定使用技术—4．实施具体规划	
序号	实施的具体步骤	注 意 事 项
1	选择二层交换机型号及数量。	交换机（交换器）工作于 OSI 参考模型的第二层，即数据链路层。交换机内部的 CPU 会在每个端口成功连接时，通过 ARP 协议学习它的 MAC 地址，保存为一张交换表。在今后的通信中，发往该 MAC 地址的数据包将仅送往其对应的端口，而不是所有的端口，因此，交换机可用于划分数据链路层广播，即冲突域，但它不能划分网络层广播，即广播域。
2	选择三层交换机型号及数量。	交换机被广泛应用于二层网络交换，中档的网管型交换机还具有 VLAN 划分、端口自动协商、MAC 访问控制列表等功能，并提供字符界面或图形界面控制台，供网络管理员调整参数，高档的三层交换机则可以处理第三层网络层协议，用于连接不同网段。
3	选择路由器型号及数量。	企业选购路由器基本原则： 节省成本：当前的普通宽带路由器由于价格竞争激烈，典型的设备都在千元级别，低端一点的甚至只要一两千元，中高端的数万元不等。较高性价比是选购的首要考虑点。 稳定可靠：路由器的稳定性和可靠性是整个网络稳定可靠的关键。企业宽带路由器需要在软件结构设计、电源设计、通风散热设计、结构坚固度等各个方面都针对企业进行专门设计，保证路由器的稳定性和可靠性。 高速高效：路由器是企业网通向 Internet 的唯一途径，如果性能不足，就会成为整个网络性能的数据传输瓶颈，造成网络的堵塞或延迟。 安全防护：信息的安全性是企业网络不得不考虑的另一个重要问题。病毒和黑客入侵破坏、内部员工泄露公司机密、员工在工作时间不务正业而沉迷于网络等。这些都需要防火墙的控制。企业宽带路由器的防火墙功能则比较完善，可以满足企业要求，而且往往在对内部网络、内部员工的上网权限和浏览内容、上网时间的控制等方面有较强的能力。 操作简便：功能要强但使用要简单，是目前产品发展的趋势。特别是对于缺少专业网络技术人员的中小企业，网络设备的易用性更受关注。宽带路由器需要以易安装、易配置、易管理、易使用，用户界面友好易懂，不需要专业人员也能使用并用好为设计目标。 扩展方便：除了应用性能、安全性和操控性以外，扩展性也很重要。因为一个中小企业要着眼于未来的发展，于成本方面的考虑，当前的设备要可以作为扩展网络的硬件继续使用，不至于被闲置或者丢弃。

<table>
<tr><td>4</td><td>选择其他设备型号及数量。</td><td colspan="5"></td></tr>
<tr><td colspan="7">实施说明：</td></tr>
<tr><td rowspan="3">实施的评价</td><td>班　　级</td><td></td><td>第　　组</td><td>组长签字</td><td colspan="2"></td></tr>
<tr><td>教师签字</td><td></td><td>日　　期</td><td colspan="3"></td></tr>
<tr><td colspan="6">评语：</td></tr>
</table>

5．选择设备型号的检查单

<table>
<tr><td>学习情境二</td><td colspan="5">进行项目规划</td></tr>
<tr><td>学时</td><td colspan="5">0.1 学时</td></tr>
<tr><td>典型工作过程描述</td><td colspan="5">1．梳理项目需求—2．选择设备型号—3．确定使用技术—4．实施具体规划</td></tr>
<tr><td>序　　号</td><td>检 查 项 目</td><td>检 查 标 准</td><td colspan="2">学 生 自 查</td><td>教 师 检 查</td></tr>
<tr><td>1</td><td>二层交换机型号及数量。</td><td>是否满足要求。</td><td colspan="2"></td><td></td></tr>
<tr><td>2</td><td>三层交换机型号及数量。</td><td>是否满足要求。</td><td colspan="2"></td><td></td></tr>
<tr><td>3</td><td>路由器型号及数量。</td><td>是否满足要求。</td><td colspan="2"></td><td></td></tr>
<tr><td rowspan="3">检查的评价</td><td>班　　级</td><td></td><td>第　　组</td><td>组长签字</td><td></td></tr>
<tr><td>教师签字</td><td></td><td>日　　期</td><td colspan="2"></td></tr>
<tr><td colspan="5">评语：</td></tr>
</table>

6. 选择设备型号的评价单

<table>
<tr><td>学习情境二</td><td colspan="7">进行项目规划</td></tr>
<tr><td>学时</td><td colspan="7">0.1 学时</td></tr>
<tr><td>典型工作过程描述</td><td colspan="7">1．梳理项目需求—2．选择设备型号—3．确定使用技术—4．实施具体规划</td></tr>
<tr><td>评 价 项 目</td><td>评价子项目</td><td colspan="2">学生/小组自评</td><td colspan="2">学生/组间互评</td><td colspan="2">教 师 评 价</td></tr>
<tr><td>二层交换机型号及数量。</td><td>二层交换机型号及数量。</td><td colspan="2"></td><td colspan="2"></td><td colspan="2"></td></tr>
<tr><td>三层交换机型号及数量。</td><td>三层交换机型号及数量。</td><td colspan="2"></td><td colspan="2"></td><td colspan="2"></td></tr>
<tr><td>路由器型号及数量。</td><td>路由器型号及数量。</td><td colspan="2"></td><td colspan="2"></td><td colspan="2"></td></tr>
<tr><td rowspan="3">评价的评价</td><td>班　　级</td><td colspan="2"></td><td>第　　组</td><td>组长签字</td><td colspan="2"></td></tr>
<tr><td>教师签字</td><td colspan="2"></td><td>日　　期</td><td colspan="3"></td></tr>
<tr><td colspan="7">评语：</td></tr>
</table>

任务三　确定使用技术

1. 确定使用技术的资讯单

<table>
<tr><td>学习情境二</td><td colspan="5">进行项目规划</td></tr>
<tr><td>学时</td><td colspan="5">0.1 学时</td></tr>
<tr><td>典型工作过程描述</td><td colspan="5">1．梳理项目需求—2．选择设备型号—3．确定使用技术—4．实施具体规划</td></tr>
<tr><td>搜集资讯的方式</td><td colspan="5">线下书籍及线上资源：项目规划。</td></tr>
<tr><td>资讯描述</td><td colspan="5">1．熟悉 VLAN 技术。
2．熟悉生成树 STP 和快速生成树 RSTP。
3．熟悉端口聚合技术、动态地址分配 DHCP。
4．熟悉配置路由、出口 NAT 技术。</td></tr>
<tr><td>对学生的要求</td><td colspan="5">能结合项目需求选择合适的技术。</td></tr>
<tr><td>参考资料</td><td colspan="5">1．华为技术有限公司编著，《网络系统建设与运维（中级）》，人民邮电出版社，2020 年 9 月。
2．教材及配套微课。</td></tr>
<tr><td rowspan="3">资讯的评价</td><td>班　　级</td><td></td><td>第　　组</td><td>组长签字</td><td></td></tr>
<tr><td>教师签字</td><td></td><td>日　　期</td><td colspan="2"></td></tr>
<tr><td colspan="5">评语：</td></tr>
</table>

2. 确定使用技术的计划单

<table>
<tr><td>学习情境二</td><td colspan="5">进行项目规划</td></tr>
<tr><td>学时</td><td colspan="5">0.1 学时</td></tr>
<tr><td>典型工作过程描述</td><td colspan="5">1．梳理项目需求—2．选择设备型号—3．确定使用技术—4．实施具体规划</td></tr>
<tr><td>计划制订的方式</td><td colspan="5">小组讨论</td></tr>
<tr><td>序　　号</td><td colspan="2">工 作 步 骤</td><td colspan="3">注 意 事 项</td></tr>
<tr><td>1</td><td colspan="2"></td><td colspan="3"></td></tr>
<tr><td>2</td><td colspan="2"></td><td colspan="3"></td></tr>
<tr><td>3</td><td colspan="2"></td><td colspan="3"></td></tr>
<tr><td>4</td><td colspan="2"></td><td colspan="3"></td></tr>
<tr><td>5</td><td colspan="2"></td><td colspan="3"></td></tr>
<tr><td>6</td><td colspan="2"></td><td colspan="3"></td></tr>
<tr><td rowspan="3">计划的评价</td><td>班　　级</td><td></td><td>第　　组</td><td>组长签字</td><td></td></tr>
<tr><td>教师签字</td><td></td><td>日　　期</td><td colspan="2"></td></tr>
<tr><td colspan="5">评语：</td></tr>
</table>

3. 确定使用技术的决策单

<table>
<tr><td>学习情境二</td><td colspan="6">进行项目规划</td></tr>
<tr><td>学时</td><td colspan="6">0.1 学时</td></tr>
<tr><td>典型工作过程描述</td><td colspan="6">1. 梳理项目需求—2. 选择设备型号—**3. 确定使用技术**—4. 实施具体规划</td></tr>
<tr><td colspan="7">计划对比</td></tr>
<tr><td>序　号</td><td colspan="2">计划的可行性</td><td>计划的经济性</td><td>计划的可操作性</td><td>计划的实施难度</td><td>综 合 评 价</td></tr>
<tr><td>1</td><td colspan="2"></td><td></td><td></td><td></td><td></td></tr>
<tr><td>2</td><td colspan="2"></td><td></td><td></td><td></td><td></td></tr>
<tr><td>3</td><td colspan="2"></td><td></td><td></td><td></td><td></td></tr>
<tr><td>4</td><td colspan="2"></td><td></td><td></td><td></td><td></td></tr>
<tr><td rowspan="3">决策的评价</td><td>班　级</td><td></td><td>第　组</td><td>组长签字</td><td colspan="2"></td></tr>
<tr><td>教师签字</td><td></td><td>日　期</td><td colspan="3"></td></tr>
<tr><td colspan="6">评语：</td></tr>
</table>

4. 确定使用技术的实施单

<table>
<tr><td>学习情境二</td><td colspan="5">进行项目规划</td></tr>
<tr><td>学时</td><td colspan="5">0.5 学时</td></tr>
<tr><td>典型工作过程描述</td><td colspan="5">1．梳理项目需求—2．选择设备型号—3．确定使用技术—4．实施具体规划</td></tr>
<tr><td>序　　号</td><td>实施的具体步骤</td><td colspan="4">注 意 事 项</td></tr>
<tr><td>1</td><td>运用 VLAN 技术。</td><td colspan="4" rowspan="6">（1）核心交换机、财务部接入交换机和项目管理部接入交换机各有一条链路互联，计划使用 RSTP 提高网络可靠性。
（2）核心交换机与服务器群交换机使用两条链路互联，可以使用链路聚合提高链路带宽。
（3）核心交换机、服务器群和路由器使用 IP 互联，可以配置 OSPF 动态路由实现网络互联互通。
（4）学院配有一个公网 IP 地址，所有教职人员都有访问 Internet 的需求，可以在出口路由器上配置 NAT。
（5）为方便网络管理员对设备进行远程管理，需要启用所有设备的 SSH 服务。</td></tr>
<tr><td>2</td><td>运用生成树 STP 和快速生成树 RSTP。</td></tr>
<tr><td>3</td><td>运用端口聚合技术。</td></tr>
<tr><td>4</td><td>运用动态地址分配 DHCP。</td></tr>
<tr><td>5</td><td>运用路由器协议。</td></tr>
<tr><td>6</td><td>运用出口 NAT 技术。</td></tr>
<tr><td colspan="6">实施说明：</td></tr>
<tr><td rowspan="3">实施的评价</td><td>班　　级</td><td></td><td>第　　组</td><td>组长签字</td><td></td></tr>
<tr><td>教师签字</td><td></td><td>日　　期</td><td colspan="2"></td></tr>
<tr><td colspan="5">评语：</td></tr>
</table>

5. 确定使用技术的检查单

<table>
<tr><td>学习情境二</td><td colspan="5">进行项目规划</td></tr>
<tr><td>学时</td><td colspan="5">0.1 学时</td></tr>
<tr><td>典型工作过程描述</td><td colspan="5">1. 梳理项目需求—2. 选择设备型号—3. 确定使用技术—4. 实施具体规划</td></tr>
<tr><td>序　号</td><td>检查项目</td><td>检查标准</td><td colspan="2">学生自查</td><td>教师检查</td></tr>
<tr><td>1</td><td>运用 VLAN 技术。</td><td>是否满足要求。</td><td colspan="2"></td><td></td></tr>
<tr><td>2</td><td>运用生成树 STP 和快速生成树 RSTP。</td><td>是否满足要求。</td><td colspan="2"></td><td></td></tr>
<tr><td>3</td><td>运用端口聚合技术。</td><td>是否满足要求。</td><td colspan="2"></td><td></td></tr>
<tr><td>4</td><td>运用动态地址分配 DHCP。</td><td>是否满足要求。</td><td colspan="2"></td><td></td></tr>
<tr><td>5</td><td>运用路由协议。</td><td>是否满足要求。</td><td colspan="2"></td><td></td></tr>
<tr><td>6</td><td>运用出口 NAT 技术。</td><td>是否满足要求。</td><td colspan="2"></td><td></td></tr>
<tr><td rowspan="3">检查的评价</td><td>班　级</td><td></td><td>第　组</td><td>组长签字</td><td></td></tr>
<tr><td>教师签字</td><td></td><td>日　期</td><td colspan="2"></td></tr>
<tr><td colspan="5">评语：</td></tr>
</table>

6. 确定使用技术的评价单

<table>
<tr><td>学习情境二</td><td colspan="5">进行项目规划</td></tr>
<tr><td>学时</td><td colspan="5">0.1 学时</td></tr>
<tr><td>典型工作过程描述</td><td colspan="5">1．梳理项目需求—2．选择设备型号—3．确定使用技术—4．实施具体规划</td></tr>
<tr><td>评 价 项 目</td><td>评价子项目</td><td>学生/小组自评</td><td colspan="2">学生/组间互评</td><td>教 师 评 价</td></tr>
<tr><td>运用 VLAN 技术。</td><td>是否满足要求。</td><td></td><td colspan="2"></td><td></td></tr>
<tr><td>运用生成树 STP 和快速生成树 RSTP。</td><td>是否满足要求。</td><td></td><td colspan="2"></td><td></td></tr>
<tr><td>运用端口聚合技术。</td><td>是否满足要求。</td><td></td><td colspan="2"></td><td></td></tr>
<tr><td>运用动态地址分配 DHCP。</td><td>是否满足要求。</td><td></td><td colspan="2"></td><td></td></tr>
<tr><td>运用路由协议。</td><td>是否满足要求。</td><td></td><td colspan="2"></td><td></td></tr>
<tr><td>运用出口 NAT 技术。</td><td>是否满足要求。</td><td></td><td colspan="2"></td><td></td></tr>
<tr><td rowspan="3">评价的评价</td><td>班　级</td><td></td><td>第　组</td><td>组长签字</td><td></td></tr>
<tr><td>教师签字</td><td></td><td>日　期</td><td colspan="2"></td></tr>
<tr><td colspan="5">评语：</td></tr>
</table>

任务四　实施具体规划

1．实施具体规划的资讯单

学习情境二	进行项目规划				
学时	0.1 学时				
典型工作过程描述	1．梳理项目需求—2．选择设备型号—3．确定使用技术—**4．实施具体规划**				
搜集资讯的方式	线下书籍及线上资源：项目规划。				
资讯描述	描述梳理项目需求的方法思路。				
对学生的要求	能正确进行梳理项目需求，掌握规划内容及要点。				
参考资料	1．华为技术有限公司编著，《网络系统建设与运维（中级）》，人民邮电出版社，2020年9月。 2．教材及配套微课。				
资讯的评价	班　　级		第　　组	组长签字	
	教师签字		日　　期		
	评语：				

2. 实施具体规划的计划单

<table>
<tr><td>学习情境二</td><td colspan="6">进行项目规划</td></tr>
<tr><td>学时</td><td colspan="6">0.1 学时</td></tr>
<tr><td>典型工作过程描述</td><td colspan="6">1．梳理项目需求—2．选择设备型号—3．确定使用技术—4．实施具体规划</td></tr>
<tr><td>计划制订的方式</td><td colspan="6">小组讨论</td></tr>
<tr><td>序　　号</td><td colspan="3">工 作 步 骤</td><td colspan="3">注 意 事 项</td></tr>
<tr><td>1</td><td colspan="3"></td><td colspan="3"></td></tr>
<tr><td>2</td><td colspan="3"></td><td colspan="3"></td></tr>
<tr><td>3</td><td colspan="3"></td><td colspan="3"></td></tr>
<tr><td>4</td><td colspan="3"></td><td colspan="3"></td></tr>
<tr><td>5</td><td colspan="3"></td><td colspan="3"></td></tr>
<tr><td>6</td><td colspan="3"></td><td colspan="3"></td></tr>
<tr><td rowspan="3">计划的评价</td><td>班　　级</td><td></td><td>第　　组</td><td>组长签字</td><td colspan="2"></td></tr>
<tr><td>教师签字</td><td></td><td>日　　期</td><td colspan="3"></td></tr>
<tr><td colspan="6">评语：</td></tr>
</table>

3. 实施具体规划的决策单

<table>
<tr><td>学习情境二</td><td colspan="6">进行项目规划</td></tr>
<tr><td>学时</td><td colspan="6">0.1 学时</td></tr>
<tr><td>典型工作过程描述</td><td colspan="6">1．梳理项目需求—2．选择设备型号—3．确定使用技术—4．实施具体规划</td></tr>
<tr><td colspan="7">计划对比</td></tr>
<tr><td>序号</td><td>计划的可行性</td><td>计划的经济性</td><td>计划的可操作性</td><td>计划的实施难度</td><td colspan="2">综合评价</td></tr>
<tr><td>1</td><td></td><td></td><td></td><td></td><td colspan="2"></td></tr>
<tr><td>2</td><td></td><td></td><td></td><td></td><td colspan="2"></td></tr>
<tr><td>3</td><td></td><td></td><td></td><td></td><td colspan="2"></td></tr>
<tr><td>4</td><td></td><td></td><td></td><td></td><td colspan="2"></td></tr>
<tr><td rowspan="3">决策的评价</td><td>班级</td><td></td><td>第　组</td><td>组长签字</td><td colspan="2"></td></tr>
<tr><td>教师签字</td><td></td><td>日期</td><td colspan="3"></td></tr>
<tr><td colspan="6">评语：</td></tr>
</table>

4. 实施具体规划的实施单

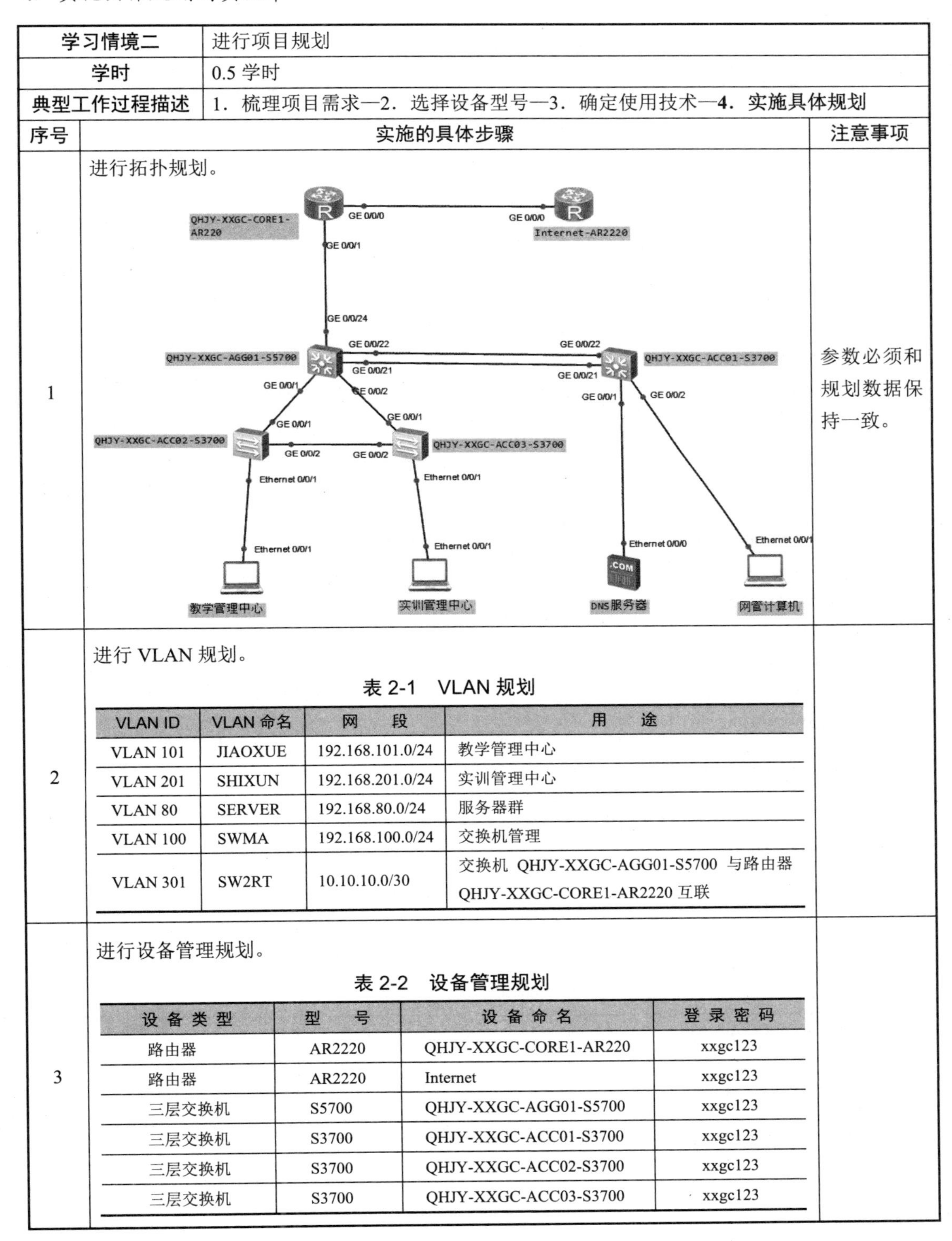

学习情境二	进行项目规划
学时	0.5 学时
典型工作过程描述	1．梳理项目需求—2．选择设备型号—3．确定使用技术—**4．实施具体规划**

序号	实施的具体步骤	注意事项
1	进行拓扑规划。	参数必须和规划数据保持一致。
2	进行 VLAN 规划。（见表 2-1）	
3	进行设备管理规划。（见表 2-2）	

进行拓扑规划。

进行 VLAN 规划。

表 2-1　VLAN 规划

VLAN ID	VLAN 命名	网　　段	用　　途
VLAN 101	JIAOXUE	192.168.101.0/24	教学管理中心
VLAN 201	SHIXUN	192.168.201.0/24	实训管理中心
VLAN 80	SERVER	192.168.80.0/24	服务器群
VLAN 100	SWMA	192.168.100.0/24	交换机管理
VLAN 301	SW2RT	10.10.10.0/30	交换机 QHJY-XXGC-AGG01-S5700 与路由器 QHJY-XXGC-CORE1-AR2220 互联

进行设备管理规划。

表 2-2　设备管理规划

设备类型	型　　号	设备命名	登录密码
路由器	AR2220	QHJY-XXGC-CORE1-AR220	xxgc123
路由器	AR2220	Internet	xxgc123
三层交换机	S5700	QHJY-XXGC-AGG01-S5700	xxgc123
三层交换机	S3700	QHJY-XXGC-ACC01-S3700	xxgc123
三层交换机	S3700	QHJY-XXGC-ACC02-S3700	xxgc123
三层交换机	S3700	QHJY-XXGC-ACC03-S3700	xxgc123

4

进行端口互连规划。

表 2-3　端口互连规划

本端设备	本端端口	端口配置	对端设备	对端端口
Internet	GE0/0/0	IP 地址：18.18.18.18/24	QHJY-XXGC-CORE1-AR2220	GE0/0/0
QHJY-XXGC-CORE1-AR2220	GE0/0/0	IP 地址：18.18.18.1/24	Internet	GE0/0/0
QHJY-XXGC-CORE1-AR2220	GE0/0/1	IP 地址：10.10.10.2/30	QHJY-XXGC-AGG01-S5700	GE0/0/24
QHJY-XXGC-AGG01-S5700	GE0/0/1	Trunk	QHJY-XXGC-ACC02-S3700	GE0/0/1
QHJY-XXGC-AGG01-S5700	GE0/0/2	Trunk	QHJY-XXGC-ACC03-S3700	GE0/0/1
QHJY-XXGC-AGG01-S5700	GE0/0/21	Eth-Trunk	QHJY-XXGC-ACC01-S3700	GE0/0/21
QHJY-XXGC-AGG01-S5700	GE0/0/22	Eth-Trunk	QHJY-XXGC-ACC01-S3700	GE0/0/22
QHJY-XXGC-AGG01-S5700	GE0/0/24	IP 地址：10.10.10.1/30	QHJY-XXGC-CORE1-AR2220	GE0/0/1
QHJY-XXGC-ACC01-S3700	GE0/0/1～10	VLAN 80	服务器群	
QHJY-XXGC-ACC01-S3700	GE0/0/21	Eth-Trunk	QHJY-XXGC-AGG01-S5700	GE0/0/21
QHJY-XXGC-ACC01-S3700	GE0/0/22	Eth-Trunk	QHJY-XXGC-AGG01-S5700	GE0/0/22
QHJY-XXGC-ACC02-S3700	Eth0/0/1～Eth0/0/20	VLAN 101	教学管理中心	
QHJY-XXGC-ACC02-S3700	GE0/0/1	Trunk	QHJY-XXGC-AGG01-S5700	GE0/0/1
QHJY-XXGC-ACC02-S3700	GE0/0/2	Trunk	QHJY-XXGC-ACC03-S3700	GE0/0/2
QHJY-XXGC-ACC03-S3700	Eth0/0/1～Eth0/0/20	VLAN 201	实训管理中心	
QHJY-XXGC-ACC03-S3700	GE0/0/1	Trunk	QHJY-XXGC-AGG01-S5700	GE0/0/2
QHJY-XXGC-ACC03-S3700	GE0/0/2	Trunk	QHJY-XXGC-ACC02-S3700	GE0/0/2

序号	内容	
5	进行 IP 规划。	

表 2-4　IP 规划

设备命名	端口	IP 地址	用途
QHJY-XXGC-CORE1-AR2220	GE0/0/1	10.10.10.2/30	路由器 QHJY-XXGC-CORE1-AR2220 与交换机 QHJY-XXGC-AGG01-S5700 互连
QHJY-XXGC-CORE1-AR2220	GE0/0/2	10.10.10.6/30	路由器 QHJY-XXGC-CORE1-AR2220 与交换机 QHJY-XXGC-ACC01-S3700 互连
QHJY-XXGC-AGG01-S5700	VLANIF 101	192.168.101.1/24	教学管理中心网关
QHJY-XXGC-AGG01-S5700	VLANIF 201	192.168.201.1/24	实训管理中心网关
QHJY-XXGC-AGG01-S5700	VLANIF 100	192.168.100.1/24	设备管理地址网关
QHJY-XXGC-AGG01-S5700	VLANIF 301	10.10.10.1/30	交换机 QHJY-XXGC-AGG01-S5700 与路由器 QHJY-XXGC-CORE1-AR2220 互连
QHJY-XXGC-ACC01-S3700	VLANIF 80	192.168.80.1/24	服务器群网关
QHJY-XXGC-ACC01-S3700	VLANIF 100	192.168.100.2/24	设备管理地址
QHJY-XXGC-ACC02-S3700	VLANIF 100	192.168.100.3/24	设备管理地址
QHJY-XXGC-ACC03-S3700	VLANIF 100	192.168.100.4/24	设备管理地址
DNS	Eth0	192.168.80.100/24	DNS 服务器 IP 地址

序号	内容	
6	形成规划书。	

实施说明：

注意数据合理正确。

实施的评价				
	班　级		第　组	
	教师签字		日　期	
	评语：			

5. 实施具体规划的检查单

<table>
<tr><td>学习情境二</td><td colspan="5">进行项目规划</td></tr>
<tr><td>学时</td><td colspan="5">0.1 学时</td></tr>
<tr><td>典型工作过程描述</td><td colspan="5">1．梳理项目需求—2．选择设备型号—3．确定使用技术—4．实施具体规划</td></tr>
<tr><td>序　号</td><td>检查项目</td><td>检查标准</td><td colspan="2">学生自查</td><td>教师检查</td></tr>
<tr><td>1</td><td>拓扑规划。</td><td>与需求分析一致。</td><td colspan="2"></td><td></td></tr>
<tr><td>2</td><td>VLAN 规划。</td><td>数据合理正确。</td><td colspan="2"></td><td></td></tr>
<tr><td>3</td><td>设备管理规划。</td><td>数据合理正确。</td><td colspan="2"></td><td></td></tr>
<tr><td>4</td><td>端口互连规划。</td><td>数据合理正确。</td><td colspan="2"></td><td></td></tr>
<tr><td>5</td><td>IP 规划。</td><td>数据合理正确。</td><td colspan="2"></td><td></td></tr>
<tr><td>6</td><td>SSH 服务规划。</td><td>数据合理正确。</td><td colspan="2"></td><td></td></tr>
<tr><td rowspan="3">检查的评价</td><td>班　级</td><td></td><td>第　组</td><td>组长签字</td><td></td></tr>
<tr><td>教师签字</td><td></td><td>日　期</td><td colspan="2"></td></tr>
<tr><td colspan="5">评语：</td></tr>
</table>

6．实施具体规划的评价单

学习情境二	进行项目规划			
学时	0.1 学时			
典型工作过程描述	1．梳理项目需求—2．选择设备型号—3．确定使用技术—**4．实施具体规划**			
评 价 项 目	**评价子项目**	**学生/小组自评**	**学生/组间互评**	**教 师 评 价**
拓扑规划。	与需求分析一致。			
VLAN 规划。	数据合理正确。			
设备管理规划。	数据合理正确。			
端口互连规划。	数据合理正确。			
IP 规划。	数据合理正确。			
SSH 服务规划。	数据合理正确。			

评价的评价	班　　级		第　　组		组长签字	
	教师签字		日　　期			
	评语：					

学习情境三　配置传输参数

任务一　搭 建 拓 扑

1. 搭建拓扑的资讯单

<table>
<tr><td>学习情境三</td><td colspan="5">配置传输参数</td></tr>
<tr><td>学时</td><td colspan="5">0.1 学时</td></tr>
<tr><td>典型工作过程描述</td><td colspan="5">1. 搭建拓扑—2. 配置对接网络设备</td></tr>
<tr><td>搜集资讯的方式</td><td colspan="5">线下书籍及线上资源：搭建拓扑。</td></tr>
<tr><td>资讯描述</td><td colspan="5">1. 复习网络规划。
2. 描述 ENSP 仿真软件搭建拓扑。</td></tr>
<tr><td>对学生的要求</td><td colspan="5">能够掌握 ENSP 仿真软件搭建拓扑的方法。</td></tr>
<tr><td>参考资料</td><td colspan="5">1. 华为技术有限公司编著，《网络系统建设与运维（中级）》，人民邮电出版社，2020 年 9 月。
2. 教材及配套微课。</td></tr>
<tr><td rowspan="3">资讯的评价</td><td>班　　级</td><td></td><td>第　　组</td><td>组长签字</td><td></td></tr>
<tr><td>教师签字</td><td></td><td>日　　期</td><td colspan="2"></td></tr>
<tr><td colspan="5">评语：</td></tr>
</table>

2. 搭建拓扑的计划单

学习情境三	配置传输参数				
学时	0.1 学时				
典型工作过程描述	**1. 搭建拓扑**—2. 配置对接网络设备				
计划制订的方式	小组讨论				
序　号	工 作 步 骤		注 意 事 项		
计划的评价	班　级		第　组	组长签字	
	教师签字		日　期		
	评语：				

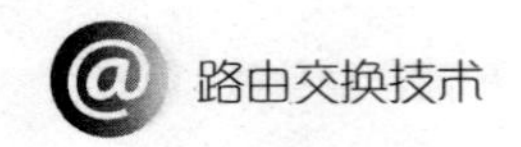

3. 搭建拓扑的决策单

<table>
<tr><td>学习情境三</td><td colspan="5">配置传输参数</td></tr>
<tr><td>学时</td><td colspan="5">0.1 学时</td></tr>
<tr><td>典型工作过程描述</td><td colspan="5">1．搭建拓扑—2．配置对接网络设备</td></tr>
<tr><td colspan="6">计划对比</td></tr>
<tr><td>序　　号</td><td>计划的可行性</td><td>计划的经济性</td><td>计划的可操作性</td><td>计划的实施难度</td><td>综 合 评 价</td></tr>
<tr><td>1</td><td></td><td></td><td></td><td></td><td></td></tr>
<tr><td>2</td><td></td><td></td><td></td><td></td><td></td></tr>
<tr><td>3</td><td></td><td></td><td></td><td></td><td></td></tr>
<tr><td>4</td><td></td><td></td><td></td><td></td><td></td></tr>
<tr><td>5</td><td></td><td></td><td></td><td></td><td></td></tr>
<tr><td>6</td><td></td><td></td><td></td><td></td><td></td></tr>
<tr><td>7</td><td></td><td></td><td></td><td></td><td></td></tr>
<tr><td>8</td><td></td><td></td><td></td><td></td><td></td></tr>
<tr><td rowspan="3">决策的评价</td><td>班　　级</td><td></td><td>第　　组</td><td>组长签字</td><td></td></tr>
<tr><td>教师签字</td><td></td><td>日　　期</td><td colspan="2"></td></tr>
<tr><td colspan="5">评语：</td></tr>
</table>

4．搭建拓扑的实施单

学习情境三	配置传输参数
学时	0.5 学时
典型工作过程描述	**1．搭建拓扑**—2．配置对接网络设备

序　　号	实施的具体步骤	注 意 事 项
1	新建工程。	
2	添加设备。	
3	设备连线。	
4	添加文字标注（设备名称等）。	
5	QHJY-XXGC-CORE1-AR220 GE 0/0/0 GE 0/0/0 Internet-AR2220 GE 0/0/1 GE 0/0/24 QHJY-XXGC-AGG01-S5700 GE 0/0/22 GE 0/0/22 QHJY-XXGC-ACC01-S3700 GE 0/0/21 GE 0/0/21 GE 0/0/1 GE 0/0/2 GE 0/0/1 GE 0/0/2 GE 0/0/1 GE 0/0/1 QHJY-XXGC-ACC02-S3700 QHJY-XXGC-ACC03-S3700 GE 0/0/2 GE 0/0/2 Ethernet 0/0/1 Ethernet 0/0/1 Ethernet 0/0/1 Ethernet 0/0/1 Ethernet 0/0/0 Ethernet 0/0/1 .COM 教学管理中心 实训管理中心 DNS服务器 网管计算机	

实施说明：

实施的评价	班　　级		第　　组		组长签字	
	教师签字		日　　期			
	评语：					

5. 搭建拓扑的检查单

<table>
<tr><td>学习情境三</td><td colspan="5">配置传输参数</td></tr>
<tr><td>学时</td><td colspan="5">0.1 学时</td></tr>
<tr><td>典型工作过程描述</td><td colspan="5">1．搭建拓扑—2．配置对接网络设备</td></tr>
<tr><td>序　　号</td><td colspan="2">检 查 项 目</td><td>检 查 标 准</td><td>学 生 自 查</td><td>教 师 检 查</td></tr>
<tr><td>1</td><td colspan="2">设备型号是否正确。</td><td>与规划数据一致。</td><td></td><td></td></tr>
<tr><td>2</td><td colspan="2">连线端口是否正确。</td><td>与规划数据一致。</td><td></td><td></td></tr>
<tr><td>3</td><td colspan="2">文字标注是否清晰。</td><td>与规划数据一致。</td><td></td><td></td></tr>
<tr><td rowspan="3">检查的评价</td><td>班　　级</td><td></td><td>第　　组</td><td>组长签字</td><td></td></tr>
<tr><td>教师签字</td><td></td><td>日　　期</td><td colspan="2"></td></tr>
<tr><td colspan="5">评语：</td></tr>
</table>

6. 搭建拓扑的评价单

<table>
<tr><td>学习情境三</td><td colspan="6">配置传输参数</td></tr>
<tr><td>学时</td><td colspan="6">0.1 学时</td></tr>
<tr><td>典型工作过程描述</td><td colspan="6">1．搭建拓扑—2．配置对接网络设备</td></tr>
<tr><td colspan="2">评 价 项 目</td><td>评价子项目</td><td colspan="2">学生/小组自评</td><td>学生/组间互评</td><td>教 师 评 价</td></tr>
<tr><td colspan="2">设备型号是否正确。</td><td>设备型号是否正确。</td><td colspan="2"></td><td></td><td></td></tr>
<tr><td colspan="2">连线端口是否正确。</td><td>连线端口是否正确。</td><td colspan="2"></td><td></td><td></td></tr>
<tr><td colspan="2">文字标注是否清晰。</td><td>文字标注是否清晰。</td><td colspan="2"></td><td></td><td></td></tr>
<tr><td colspan="2">设备型号是否正确。</td><td>设备型号是否正确。</td><td colspan="2"></td><td></td><td></td></tr>
<tr><td rowspan="3">评价的评价</td><td>班　　级</td><td></td><td>第　　组</td><td>组长签字</td><td colspan="2"></td></tr>
<tr><td>教师签字</td><td></td><td>日　　期</td><td colspan="3"></td></tr>
<tr><td colspan="6">评语：</td></tr>
</table>

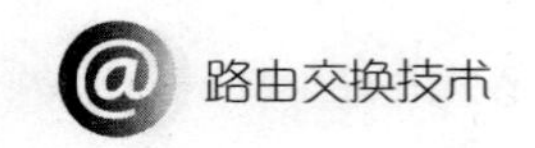

任务二　配置对接网络设备

1．配置对接网络设备的资讯单

<table>
<tr><td>学习情境三</td><td colspan="5">配置传输参数</td></tr>
<tr><td>学时</td><td colspan="5">0.2 学时</td></tr>
<tr><td>典型工作过程描述</td><td colspan="5">1．搭建拓扑—2．配置对接网络设备</td></tr>
<tr><td>搜集资讯的方式</td><td colspan="5">线下书籍及线上资源：配置对接网络设备。</td></tr>
<tr><td>资讯描述</td><td colspan="5">1．复习网络规划 IP 地址规划。
2．描述 IP 地址配置方法。</td></tr>
<tr><td>对学生的要求</td><td colspan="5">1．能掌握 IP 地址配置方法。
2．能够养成严谨细致的工作作风。</td></tr>
<tr><td>参考资料</td><td colspan="5">1．华为技术有限公司编著，《网络系统建设与运维（中级）》，人民邮电出版社，2020 年 9 月。
2．教材及配套微课。</td></tr>
<tr><td rowspan="3">资讯的评价</td><td>班　　级</td><td></td><td>第　　组</td><td>组长签字</td><td></td></tr>
<tr><td>教师签字</td><td></td><td>日　　期</td><td colspan="2"></td></tr>
<tr><td colspan="5">评语：</td></tr>
</table>

2. 配置对接网络设备的计划单

<table>
<tr><td>学习情境三</td><td colspan="6">配置传输参数</td></tr>
<tr><td>学时</td><td colspan="6">0.2 学时</td></tr>
<tr><td>典型工作过程描述</td><td colspan="6">1．搭建拓扑—2．配置对接网络设备</td></tr>
<tr><td>计划制订的方式</td><td colspan="6">小组讨论</td></tr>
<tr><td>序 号</td><td colspan="3">工 作 步 骤</td><td colspan="3">注 意 事 项</td></tr>
<tr><td>1</td><td colspan="3"></td><td colspan="3"></td></tr>
<tr><td>2</td><td colspan="3"></td><td colspan="3"></td></tr>
<tr><td>3</td><td colspan="3"></td><td colspan="3"></td></tr>
<tr><td>4</td><td colspan="3"></td><td colspan="3"></td></tr>
<tr><td>5</td><td colspan="3"></td><td colspan="3"></td></tr>
<tr><td rowspan="3">计划的评价</td><td>班 级</td><td></td><td>第 组</td><td>组长签字</td><td colspan="2"></td></tr>
<tr><td>教师签字</td><td></td><td>日 期</td><td colspan="3"></td></tr>
<tr><td colspan="6">评语：</td></tr>
</table>

3．配置对接网络设备的决策单

<table>
<tr><td>学习情境三</td><td colspan="5">配置传输参数</td></tr>
<tr><td>学时</td><td colspan="5">0.2 学时</td></tr>
<tr><td>典型工作过程描述</td><td colspan="5">1．搭建拓扑—2．配置对接网络设备</td></tr>
<tr><td colspan="6">计划对比</td></tr>
<tr><td>序　　号</td><td>计划的可行性</td><td>计划的经济性</td><td>计划的可操作性</td><td>计划的实施难度</td><td>综 合 评 价</td></tr>
<tr><td>1</td><td></td><td></td><td></td><td></td><td></td></tr>
<tr><td>2</td><td></td><td></td><td></td><td></td><td></td></tr>
<tr><td>3</td><td></td><td></td><td></td><td></td><td></td></tr>
<tr><td>4</td><td></td><td></td><td></td><td></td><td></td></tr>
<tr><td rowspan="3">决策的评价</td><td>班　　级</td><td></td><td>第　　组</td><td>组长签字</td><td></td></tr>
<tr><td>教师签字</td><td></td><td>日　　期</td><td colspan="2"></td></tr>
<tr><td colspan="5">评语：</td></tr>
</table>

4. 配置对接网络设备的实施单

<table>
<tr><td>学习情境三</td><td colspan="6">配置传输参数</td></tr>
<tr><td>学时</td><td colspan="6">1 学时</td></tr>
<tr><td>典型工作过程描述</td><td colspan="6">1．搭建拓扑—2．配置对接网络设备</td></tr>
<tr><td>序　　号</td><td colspan="4">实施的具体步骤</td><td colspan="2">注 意 事 项</td></tr>
<tr><td>1</td><td colspan="4">配置路由器 CORE01 与交换机 AGG01 互连地址：
<R1>system-view
//进入系统视图
[R1]sysname QHJY-XXGC-CORE1-AR2220
//修改设备名称为 QHJY-XXGC-CORE1-AR2220
[QHJY-XXGC-CORE1-AR2220]interface GigabitEthernet 0/0/0
//进入 GE0/0/0 接口
[QHJY-XXGC-CORE1-AR2220-GigabitEthernet0/0/0]ip address 18.18.18.1 24
//配置 IP 地址为 18.18.18.1/24
[QHJY-XXGC-CORE1-AR2220]interface GigabitEthernet 0/0/1
//进入 GE0/0/1 接口
[QHJY-XXGC-CORE1-AR2220-GigabitEthernet0/0/1]ip address 10.10.10.2 30
//配置 IP 地址为 10.10.10.2/30</td><td colspan="2"></td></tr>
<tr><td>2</td><td colspan="4">配置路由器 CORE01 与交换机 ACC01 互连地址：
[QHJY-XXGC-CORE1-AR2220]interface GigabitEthernet 0/0/2
//进入 GE0/0/2 接口
[QHJY-XXGC-CORE1-AR2220-GigabitEthernet0/0/2]ip address 10.10.10.6 30
//配置 IP 地址为 10.10.10.6/30</td><td colspan="2"></td></tr>
<tr><td>3</td><td colspan="4">DNS 服务器 IP 地址：
192.168.80.100/24</td><td colspan="2"></td></tr>
<tr><td colspan="7">实施的说明：</td></tr>
<tr><td rowspan="3">实施的评价</td><td>班　　级</td><td></td><td>第　　组</td><td>组长签字</td><td colspan="2"></td></tr>
<tr><td>教师签字</td><td></td><td>日　　期</td><td colspan="3"></td></tr>
<tr><td colspan="6">评语：</td></tr>
</table>

5. 配置对接网络设备的检查单

<table>
<tr><td>学习情境三</td><td colspan="5">配置传输参数</td></tr>
<tr><td>学时</td><td colspan="5">0.2 学时</td></tr>
<tr><td>典型工作过程描述</td><td colspan="5">1．搭建拓扑—2．配置对接网络设备</td></tr>
<tr><td>序　号</td><td>检查项目</td><td>检查标准</td><td colspan="2">学生自查</td><td>教师检查</td></tr>
<tr><td>1</td><td>配置是否生效。</td><td>命令正常运行。</td><td colspan="2"></td><td></td></tr>
<tr><td>2</td><td>状态是否正常。</td><td>状态正常。</td><td colspan="2"></td><td></td></tr>
<tr><td>3</td><td>参数是否正确。</td><td>与规划数据一致。</td><td colspan="2"></td><td></td></tr>
<tr><td rowspan="3">检查的评价</td><td>班　　级</td><td></td><td>第　　组</td><td colspan="2">组长签字</td></tr>
<tr><td>教师签字</td><td></td><td>日　　期</td><td colspan="2"></td></tr>
<tr><td colspan="5">评语：</td></tr>
</table>

6. 配置对接网络设备的评价单

学习情境三	配置传输参数
学时	0.2 学时
典型工作过程描述	1．搭建拓扑—**2.配置对接网络设备**

评 价 项 目	评价子项目	学 生 自 评	组 内 评 价	教 师 评 价
配置有效性。	配置是否生效。			
状态正常值。	状态是否正常。			
参数正确性。	参数是否正确。			
最终结果。				

<table>
<tr><td rowspan="3">评价的评价</td><td>班　　级</td><td></td><td>第　　组</td><td>组长签字</td><td></td></tr>
<tr><td>教师签字</td><td></td><td>日　　期</td><td colspan="2"></td></tr>
<tr><td colspan="5">评语：</td></tr>
</table>

学习情境四　构建路由网络

任务一　配置以太网数据 VLAN

1．配置以太网数据 VLAN 的资讯单

<table>
<tr><td>学习情境四</td><td colspan="5">构建路由网络</td></tr>
<tr><td>学时</td><td colspan="5">0.4 学时</td></tr>
<tr><td>典型工作过程描述</td><td colspan="5">1．配置以太网数据 VLAN—2．配置以太网数据 RSTP—3．配置三层交换机数据 VLANIF—4．配置三层交换机数据 DHCP—5．配置路由器—6．配置网络可靠性策略</td></tr>
<tr><td>搜集资讯的方式</td><td colspan="5">线下书籍及线上资源：配置以太网数据 VLAN。</td></tr>
<tr><td>资讯描述</td><td colspan="5">1．描述 VLAN 的基本原理。
2．描述配置以太网数据 VLAN 的方法。</td></tr>
<tr><td>对学生的要求</td><td colspan="5">1．能正确配置以太网数据 VLAN。
2．能理解 VLAN 的基本原理。</td></tr>
<tr><td>参考资料</td><td colspan="5">1．华为技术有限公司编著，《网络系统建设与运维（中级）》，人民邮电出版社，2020 年 9 月。
2．教材及配套微课。</td></tr>
<tr><td rowspan="3">资讯的评价</td><td>班　　级</td><td></td><td>第　　组</td><td>组长签字</td><td></td></tr>
<tr><td>教师签字</td><td></td><td>日　　期</td><td colspan="2"></td></tr>
<tr><td colspan="5">评语：</td></tr>
</table>

2. 配置以太网数据 VLAN 的计划单

<table>
<tr><td>学习情境四</td><td colspan="5">构建路由网络</td></tr>
<tr><td>学时</td><td colspan="5">0.4 学时</td></tr>
<tr><td>典型工作过程描述</td><td colspan="5">1．配置以太网数据 VLAN—2．配置以太网数据 RSTP—3．配置三层交换机数据 VLANIF—4．配置三层交换机数据 DHCP—5．配置路由器—6．配置网络可靠性策略</td></tr>
<tr><td>计划制订的方式</td><td colspan="5">小组讨论</td></tr>
<tr><td>序　　号</td><td colspan="2">工 作 步 骤</td><td colspan="3">注 意 事 项</td></tr>
<tr><td>1</td><td colspan="2"></td><td colspan="3"></td></tr>
<tr><td>2</td><td colspan="2"></td><td colspan="3"></td></tr>
<tr><td>3</td><td colspan="5"></td></tr>
<tr><td rowspan="3">计划的评价</td><td>班　　级</td><td></td><td>第　　组</td><td>组长签字</td><td></td></tr>
<tr><td>教师签字</td><td></td><td>日　　期</td><td colspan="2"></td></tr>
<tr><td colspan="5">评语：</td></tr>
</table>

3．配置以太网数据 VLAN 的决策单

<table>
<tr><td>学习情境四</td><td colspan="5">构建路由网络</td></tr>
<tr><td>学时</td><td colspan="5">0.4 学时</td></tr>
<tr><td>典型工作过程描述</td><td colspan="5">1．配置以太网数据 VLAN—2．配置以太网数据 RSTP—3．配置三层交换机数据 VLANIF—4．配置三层交换机数据 DHCP—5．配置路由器—6．配置网络可靠性策略</td></tr>
<tr><td colspan="6">计划对比</td></tr>
<tr><td>序　号</td><td>计划的可行性</td><td>计划的经济性</td><td>计划的可操作性</td><td>计划的实施难度</td><td>综 合 评 价</td></tr>
<tr><td>1</td><td></td><td></td><td></td><td></td><td></td></tr>
<tr><td>2</td><td></td><td></td><td></td><td></td><td></td></tr>
<tr><td>3</td><td></td><td></td><td></td><td></td><td></td></tr>
<tr><td>4</td><td></td><td></td><td></td><td></td><td></td></tr>
<tr><td rowspan="3">决策的评价</td><td>班　级</td><td></td><td>第　组</td><td>组长签字</td><td></td></tr>
<tr><td>教师签字</td><td></td><td>日　期</td><td colspan="2"></td></tr>
<tr><td colspan="5">评语：</td></tr>
</table>

4. 配置以太网数据 VLAN 的实施单

<table>
<tr><td>学习情境四</td><td colspan="2">构建路由网络</td></tr>
<tr><td>学时</td><td colspan="2">1 学时</td></tr>
<tr><td>典型工作过程描述</td><td colspan="2">1．配置以太网数据 VLAN—2．配置以太网数据 RSTP—3．配置三层交换机数据 VLANIF—4．配置三层交换机数据 DHCP—5．配置路由器—6．配置网络可靠性策略</td></tr>
<tr><td>序 号</td><td>实施的具体步骤</td><td>注 意 事 项</td></tr>
<tr><td>1</td><td>创建 VLAN：
(1)在交换机 QHJY-XXGC-AGG01-S5700 上创建 VLAN 并修改 VLAN 备注。
<sw>system-view
//进入系统视图
[sw]sysname QHJY-XXGC-AGG01-S5700
//修改设备名称为 QHJY-XXGC-AGG01-S5700
[QHJY-XXGC-AGG01-S5700]vlan 101
//创建 VLAN 101
[QHJY-XXGC-AGG01-S5700]vlan 201
//创建 VLAN 201
[QHJY-XXGC-AGG01-S5700-vlan201]description SHIXUN
//修改 VLAN 201 备注为 SHIXUN
[QHJY-XXGC-AGG01-S5700]vlan 100
//创建 VLAN 100
[QHJY-XXGC-AGG01-S5700-vlan100]description SWMA
//修改 VLAN 100 备注为 SWMA
[QHJY-XXGC-AGG01-S5700]vlan 301
//创建 VLAN 301
[QHJY-XXGC-AGG01-S5700-vlan301]description SW2RT
//修改 VLAN 301 备注为 SW2RT
(2)在交换机 QHJY-XXGC-ACC01-S3700 上创建 VLAN 并修改 VLAN 备注。
<SW>Wsystem-view
//进入系统视图
[SWlsysname QHJY-XXGC-ACC01-S3700
//修改设备名称为 QHJY-XXGC-ACC01-S3700
[QHJY-XXGC-ACC01-S3700]vlan 80
//创建 VLAN 80
[QHJY-XXGC-ACC01-S3700-vlan80]description SERVER
//修改 VLAN 80 备注为 SERVER
[QHJY-XXGC-ACC01-S3700]vlan 100
//创建 VLAN 100</td><td>参数必须和规划数据保持一致。</td></tr>
</table>

<table>
<tr>
<td>1</td>
<td>[QHJY-XXGC-ACC01-S3700-vlan100]description SWMA
//修改 VLAN 100 备注为 SWMA
（3）在交换机 QHJY-XXGC-ACC02-S3700 上创建 VLAN 并修改 VLAN 备注。
<SW>system-view
//进入系统视图
[SW]sysname QHJY-XXGC-ACC02-S3700
//修改设备名称为 QHJY-XXGC-ACC02-S3700
[QHJY-XXGC-ACC02-S3700]vlan 101
//创建 VLAN 101
[QHJY-XXGC-ACC02-S3700-vlan101]description JIAOXUE
//修改 VLAN 101 备注为 JIAOXUE
[QHJY-XXGC-ACC02-S3700]vlan 201
//创建 VLAN 201
[QHJY-XXGC-ACC02-S3700-vlan201]description SHIXUN
//修改 VLAN210 备注为 SHIXUN
[QHJY-XXGC-ACC02-S3700]vlan 100
//创建 VLAN 100
[QHJY-XXGC-ACC02-S3700-vlan100]description SWMA
//修改 VLAN 100 备注为 SWMA
（4）在交换机 QHJY-XXGC-ACC03-S3700 上创建 VLAN 并修改 VLAN 备注。
<SW>system-view
（5）//进入系统视图
[SW]sysname QHJY-XXGC-ACC03-S3700
//修改设备名称为 QHJY-XXGC-ACC03-S3700
[QHJY-XXGC-ACC03-S3700]vlan 101
//创建 VLAN 101
[QHJY-XXGC-ACC03-S3700-vlan10]description JIAOXUE
//修改 VLAN 101 备注为 JIAOXUE
[QHJY-XXGC-ACC03-S3700]vlan 201
//创建 VLAN 201
[QHJY-XXGC-ACC03-S3700-vlan201]description SHIXUN
//修改 VLAN 201 备注为 PM
[QHJY-XXGC-ACC03-S3700]vlan 100
//创建 VLAN 100
[QHJY-XXGC-ACC03-S3700-vlan100]description SWMA
//修改 VLAN 100 备注为 SWMA</td>
<td>参数必须和规划数据保持一致。</td>
</tr>
</table>

2	在交换机 QHJY-XXGC-AGG01-S5700、QHJY-XXGC-ACC01-S3700、QHJY-XXGC-ACC02-S3700、QHJY-XXGC-ACC03-S3700 上将端口划分给 VLAN。
	（1）在交换机 QHJY-XXGC-AGG01-S5700 上将端口划分给 VLAN。
	[QHJY-XXGC-AGG01-S5700]interface GigabitEthernet 0/0/24
	//进入 GE0/0/24 端口
	[QHJY-XXGC-AGG01-S5700-GigabitEthernet0/0/24]port link-type access
	//配置端口模式为 access
	[QHJY-XXGC-AGG01-S5700-GigabitEthernet0/0/24]port default vlan 301
	//配置端口默认 VLAN 为 VLAN 301
	[QHJY-XXGC-AGG01-S5700-GigabitEthernetO/0/24]quit　　//退出
	（2）在交换机 QHJY-XXGC-ACC01-S3700 上将端口划分给 VLAN。
	[QHJY-XXGC-ACC01-S3700] port-group 1
	//创建端口组 1
	[QHJY-XXGC-ACC01-S3700- port-group-1]group-member Gi 0/0/1 to Gi 0/0/10
	//将 GE0/0/1～GE0/0/10 端口加入端口组中
	[QHJY-XXGC-ACC01-S3700-port-group-1Jport link-type access
	//配置端口模式为 access
	[QHJY-XXGC-ACC01-S3700-port-group-1]port default vlan 80
	//配置端口默认 VLAN 为 VLAN 80
	[QHJY-XXGC-ACC01-S3700-port-group-1]quit　　//退出
	（3）在交换机 QHJY-XXGC-ACC02-S3700 上将端口划分给 VLAN。
	[QHJY-XXGC-ACC02-S3700]port-group 1
	//创建端口组 1
	[QHJY-XXGC-ACC02-S3700-port-group-1group-member Eth 0/01 to Eth 010/20
	//将 Eth0/0/1～Eth0/0/20 端口加入端口组中
	[QHJY-XXGC-ACC02-S3700-port-group-1]port link-type access
	//配置端口模式为 access
	[QHJY-XXGC-ACC02-S3700-port-group-1]port default vlan 101
	//配置端口默认 VLAN 为 VLAN 101
	[QHJY-XXGC-ACC02-S3700-port-group-1]quit　　//退出
	（4）在交换机 QHJY-XXGC-ACC03-S3700 上将端口划分给 VLAN。
	[QHJY-XXGC-ACC03-S3700]port-group 1
	//创建端口组 1
	[Sw-port-group-1]group-member Eth 010/1 to Eth 0/0/20
	//将 Eth0/0/1～Eth0/0/20 端口加入端口组中
	[QHJY-XXGC-ACC03-S3700-port-group-1]port link-type access
	//配置端口模式为 access
	[QHJY-XXGC-ACC03-S3700-port-group-1]port default vlan 201
	//配置端口默认 VLAN 为 VLAN 201
	[QHJY-XXGC-ACC03-S3700-port-group-1]quit　　//退出
		参数必须和规划数据保持一致。

<table>
<tr><td colspan="6">实施说明：</td></tr>
<tr><td rowspan="3">实施的评价</td><td>班　　级</td><td></td><td>第　　组</td><td>组长签字</td><td></td></tr>
<tr><td>教师签字</td><td></td><td>日　　期</td><td colspan="2"></td></tr>
<tr><td colspan="5">评语：</td></tr>
</table>

5. 配置以太网数据 VLAN 的检查单

<table>
<tr><td>学习情境四</td><td colspan="4">构建路由网络</td></tr>
<tr><td>学时</td><td colspan="4">0.4 学时</td></tr>
<tr><td>典型工作过程描述</td><td colspan="4">1．配置以太网数据 VLAN—2．配置以太网数据 RSTP—3．配置三层交换机数据 VLANIF—4．配置三层交换机数据 DHCP—5．配置路由器—6．配置网络可靠性策略</td></tr>
<tr><td>序　　号</td><td>检查项目</td><td>检查标准</td><td>学生自查</td><td>教师检查</td></tr>
<tr><td>1</td><td>配置是否生效。</td><td>命令正常。</td><td></td><td></td></tr>
<tr><td>2</td><td>状态是否正常。</td><td>UP 状态。</td><td></td><td></td></tr>
<tr><td>3</td><td>参数是否正确。</td><td>与规划数据一致。</td><td></td><td></td></tr>
</table>

<table>
<tr><td rowspan="3">检查的评价</td><td>班　　级</td><td></td><td>第　　组</td><td>组长签字</td><td></td></tr>
<tr><td>教师签字</td><td></td><td>日　　期</td><td colspan="2"></td></tr>
<tr><td colspan="5">评语：</td></tr>
</table>

6. 配置以太网数据 VLAN 的评价单

<table>
<tr><td>学习情境四</td><td colspan="5">构建路由网络</td></tr>
<tr><td>学时</td><td colspan="5">0.4 学时</td></tr>
<tr><td>典型工作过程描述</td><td colspan="5">1．配置以太网数据 VLAN—2．配置以太网数据 RSTP—3．配置三层交换机数据 VLANIF—4．配置三层交换机数据 DHCP—5．配置路由器—6．配置网络可靠性策略</td></tr>
<tr><td>评 价 项 目</td><td>评价子项目</td><td colspan="2">学 生 自 评</td><td>组 内 评 价</td><td>教 师 评 价</td></tr>
<tr><td>配置有效性。</td><td>配置是否生效。</td><td colspan="2"></td><td></td><td></td></tr>
<tr><td>状态正常值。</td><td>状态是否正常。</td><td colspan="2"></td><td></td><td></td></tr>
<tr><td>参数正确性。</td><td>参数是否正确。</td><td colspan="2"></td><td></td><td></td></tr>
<tr><td>最终结果。</td><td></td><td colspan="2"></td><td></td><td></td></tr>
<tr><td rowspan="3">评价的评价</td><td>班　　级</td><td></td><td>第　　组</td><td>组长签字</td><td></td></tr>
<tr><td>教师签字</td><td></td><td>日　　期</td><td colspan="2"></td></tr>
<tr><td colspan="5">评语：</td></tr>
</table>

任务二　配置以太网数据 RSTP

1．配置以太网数据 RSTP 的资讯单

<table>
<tr><td>学习情境四</td><td colspan="5">构建路由网络</td></tr>
<tr><td>学时</td><td colspan="5">0.4 学时</td></tr>
<tr><td>典型工作过程描述</td><td colspan="5">1．配置以太网数据 VLAN—2．配置以太网数据 RSTP—3．配置三层交换机数据 VLANIF—4．配置三层交换机数据 DHCP—5．配置路由器—6．配置网络可靠性策略</td></tr>
<tr><td>搜集资讯的方式</td><td colspan="5">线下书籍及线上资源：RSTP</td></tr>
<tr><td>资讯描述</td><td colspan="5">1．描述配置以太网数据 RSTP 的方法。
2．描述 RSTP 的基本原理。</td></tr>
<tr><td>对学生的要求</td><td colspan="5">1．能理解 RSTP 的基本原理。
2．能正确配置以太网数据 RSTP。
3．能够养成严谨细致的工作作风。</td></tr>
<tr><td>参考资料</td><td colspan="5">1．华为技术有限公司编著，《网络系统建设与运维（中级）》，人民邮电出版社，2020 年 9 月。
2．教材及配套微课。</td></tr>
<tr><td rowspan="3">资讯的评价</td><td>班　级</td><td></td><td>第　组</td><td>组长签字</td><td></td></tr>
<tr><td>教师签字</td><td></td><td>日　期</td><td colspan="2"></td></tr>
<tr><td colspan="5">评语：</td></tr>
</table>

2. 配置以太网数据 RSTP 的计划单

<table>
<tr><td>学习情境四</td><td colspan="6">构建路由网络</td></tr>
<tr><td>学时</td><td colspan="6">0.4 学时</td></tr>
<tr><td>典型工作过程描述</td><td colspan="6">1. 配置以太网数据 VLAN—2. 配置以太网数据 RSTP—3. 配置三层交换机数据 VLANIF—4. 配置三层交换机数据 DHCP—5. 配置路由器—6. 配置网络可靠性策略</td></tr>
<tr><td>计划制订的方式</td><td colspan="6">小组讨论</td></tr>
<tr><td>序　号</td><td colspan="3">工 作 步 骤</td><td colspan="3">注 意 事 项</td></tr>
<tr><td>1</td><td colspan="3"></td><td colspan="3"></td></tr>
<tr><td>2</td><td colspan="3"></td><td colspan="3"></td></tr>
<tr><td>3</td><td colspan="3"></td><td colspan="3"></td></tr>
<tr><td>4</td><td colspan="3"></td><td colspan="3"></td></tr>
<tr><td rowspan="3">计划的评价</td><td>班　级</td><td></td><td>第　组</td><td>组长签字</td><td colspan="2"></td></tr>
<tr><td>教师签字</td><td></td><td>日　期</td><td colspan="3"></td></tr>
<tr><td colspan="6">评语：</td></tr>
</table>

3. 配置以太网数据 RSTP 的决策单

<table>
<tr><td>学习情境四</td><td colspan="5">构建路由网络</td></tr>
<tr><td>学时</td><td colspan="5">0.4 学时</td></tr>
<tr><td>典型工作过程描述</td><td colspan="5">1．配置以太网数据 VLAN—2．配置以太网数据 RSTP—3．配置三层交换机数据 VLANIF—4．配置三层交换机数据 DHCP—5．配置路由器—6．配置网络可靠性策略</td></tr>
<tr><td colspan="6">计划对比</td></tr>
<tr><td>序　号</td><td>计划的可行性</td><td>计划的经济性</td><td>计划的可操作性</td><td>计划的实施难度</td><td>综 合 评 价</td></tr>
<tr><td>1</td><td></td><td></td><td></td><td></td><td></td></tr>
<tr><td>2</td><td></td><td></td><td></td><td></td><td></td></tr>
<tr><td>3</td><td></td><td></td><td></td><td></td><td></td></tr>
<tr><td rowspan="3">决策的评价</td><td>班　级</td><td></td><td>第　组</td><td>组长签字</td><td></td></tr>
<tr><td>教师签字</td><td></td><td>日　期</td><td colspan="2"></td></tr>
<tr><td colspan="5">评语：</td></tr>
</table>

4. 配置以太网数据 RSTP 的实施单

<table>
<tr><td>学习情境四</td><td colspan="6">构建路由网络</td></tr>
<tr><td>学时</td><td colspan="6">1 学时</td></tr>
<tr><td>典型工作过程描述</td><td colspan="6">1．配置以太网数据 VLAN—2．配置以太网数据 RSTP—3．配置三层交换机数据 VLANIF—4．配置三层交换机数据 DHCP—5．配置路由器—6．配置网络可靠性策略</td></tr>
<tr><td>序　号</td><td colspan="4">实施的具体步骤</td><td colspan="2">注 意 事 项</td></tr>
<tr><td>1</td><td colspan="4">配置交换机 QHJY-XXGC-AGG01-S5700。
[QHJY-XXGC-AGG01-S5700]stp enable
//启用 STP 功能
[QHJY-XXGC-AGG01-S5700]stp mode rstp
//配置 STP 模式为 RSTP
[QHJY-XXGC-AGG01-S5700]stp priority 4096
//配置 STP 优先级值为 4096</td><td colspan="2">配置 STP 模式为 RSTP 需符合项目需求。</td></tr>
<tr><td>2</td><td colspan="4">配置交换机 QHJY-XXGC-ACC02-S3700。
[QHJY-XXGC-ACC02-S3700/stp enable
//启用 STP 功能
[QHJY-XXGC-ACC02-S3700]stp mode rstp
//配置 STP 模式为 RSTP
[QHJY-XXGC-ACC02-S3700]port-group 1
//进入端口组 1
[QHJY-XXGC-ACC02-S3700-port-group-1]stp edged-port enable1
//配置端口为生成树边缘端口
[QHJY-XXGC-ACC02-S3700-port-group-1]quit
//退出</td><td colspan="2">配置 STP 模式为 RSTP 需符合项目需求。</td></tr>
<tr><td>3</td><td colspan="4">配置交换机 QHJY-XXGC-ACC03-S3700。
[QHJY-XXGC-ACC03-S3700]stp enable
//启用 STP 功能
[QHJY-XXGC-ACC03-S3700]stp mode rstp
//配置 STP 模式为 RSTP[QHJY-XXGC-ACC03-S3700jport-group 1
//进入端口组 1
[QHJY-XXGC-ACC03-S3700-port-group-1]stp edged-port enable
//配置端口为生成树边缘端口
[QHJY-XXGC-ACC03-S3700-port-group-1]quit
//退出</td><td colspan="2">配置 STP 模式为 RSTP 需符合项目需求。</td></tr>
<tr><td colspan="7">实施说明：
1．用 display stp 查看简要配置结果。
2．用 display stp brief 查看详细配置结果。</td></tr>
<tr><td rowspan="3">实施的评价</td><td>班　级</td><td></td><td>第　组</td><td>组长签字</td><td colspan="2"></td></tr>
<tr><td>教师签字</td><td></td><td>日　期</td><td colspan="3"></td></tr>
<tr><td colspan="6">评语：</td></tr>
</table>

5. 配置以太网数据 RSTP 的检查单

<table>
<tr><td>学习情境四</td><td colspan="5">构建路由网络</td></tr>
<tr><td>学时</td><td colspan="5">0.4 学时</td></tr>
<tr><td>典型工作过程描述</td><td colspan="5">1．配置以太网数据 VLAN—2．配置以太网数据 RSTP—3．配置三层交换机数据 VLANIF—4．配置三层交换机数据 DHCP—5．配置路由器—6．配置网络可靠性策略</td></tr>
<tr><td>序号</td><td>检查项目</td><td>检查标准</td><td colspan="2">学生自查</td><td>教师检查</td></tr>
<tr><td>1</td><td>配置是否生效。</td><td>命令正常运行。</td><td colspan="2"></td><td></td></tr>
<tr><td>2</td><td>状态是否正常。</td><td>状态正常。</td><td colspan="2"></td><td></td></tr>
<tr><td>3</td><td>参数是否正确。</td><td>与规划数据一致。</td><td colspan="2"></td><td></td></tr>
<tr><td rowspan="3">检查的评价</td><td>班级</td><td></td><td>第 组</td><td>组长签字</td><td></td></tr>
<tr><td>教师签字</td><td></td><td>日期</td><td colspan="2"></td></tr>
<tr><td colspan="5">评语：</td></tr>
</table>

6. 配置以太网数据 RSTP 的评价单

<table>
<tr><td>学习情境四</td><td colspan="5">构建路由网络</td></tr>
<tr><td>学时</td><td colspan="5">0.4 学时</td></tr>
<tr><td>典型工作过程描述</td><td colspan="5">1．配置以太网数据 VLAN—2．配置以太网数据 RSTP—3．配置三层交换机数据 VLANIF—4．配置三层交换机数据 DHCP—5．配置路由器—6．配置网络可靠性策略</td></tr>
<tr><td>评 价 项 目</td><td>评价子项目</td><td>学生/小组自评</td><td>学生/组间互评</td><td colspan="2">教 师 评 价</td></tr>
<tr><td>配置有效性。</td><td>配置是否生效。</td><td></td><td></td><td colspan="2"></td></tr>
<tr><td>状态正常值。</td><td>状态是否正常。</td><td></td><td></td><td colspan="2"></td></tr>
<tr><td>参数正确性。</td><td>参数是否正确。</td><td></td><td></td><td colspan="2"></td></tr>
<tr><td>最终结果。</td><td></td><td></td><td></td><td colspan="2"></td></tr>
<tr><td rowspan="3">评价的评价</td><td>班　　级</td><td></td><td>第　　组</td><td>组长签字</td><td></td></tr>
<tr><td>教师签字</td><td></td><td>日　　期</td><td colspan="2"></td></tr>
<tr><td colspan="5">评语：</td></tr>
</table>

任务三　配置三层交换机数据 VLANIF

1. 配置三层交换机数据 VLANIF 的资讯单

<table>
<tr><td>学习情境四</td><td colspan="5">构建路由网络</td></tr>
<tr><td>学时</td><td colspan="5">0.4 学时</td></tr>
<tr><td>典型工作过程描述</td><td colspan="5">1．配置以太网数据 VLAN—2．配置以太网数据 RSTP—3．配置三层交换机数据 VLANIF—4．配置三层交换机数据 DHCP—5．配置路由器—6．配置网络可靠性策略</td></tr>
<tr><td>搜集资讯的方式</td><td colspan="5">线下书籍及线上资源：VLANIF。</td></tr>
<tr><td>资讯描述</td><td colspan="5">描述配置三层交换机数据 VLANIF 的方法。</td></tr>
<tr><td>对学生的要求</td><td colspan="5">1．能正确配置三层交换机数据 VLANIF。
2．能理解 VLANIF 的基本原理。
3．能够养成自主探究的习惯。</td></tr>
<tr><td>参考资料</td><td colspan="5">1．华为技术有限公司编著，《网络系统建设与运维（中级）》，人民邮电出版社，2020 年 9 月。
2．教材及配套微课。</td></tr>
<tr><td rowspan="3">资讯的评价</td><td>班　　级</td><td></td><td>第　　组</td><td>组长签字</td><td></td></tr>
<tr><td>教师签字</td><td></td><td>日　　期</td><td colspan="2"></td></tr>
<tr><td colspan="5">评语：</td></tr>
</table>

2. 配置三层交换机数据 VLANIF 的计划单

<table>
<tr><td>学习情境四</td><td colspan="6">构建路由网络</td></tr>
<tr><td>学时</td><td colspan="6">0.4 学时</td></tr>
<tr><td>典型工作过程描述</td><td colspan="6">1．配置以太网数据 VLAN—2．配置以太网数据 RSTP—3．配置三层交换机数据 VLANIF—4．配置三层交换机数据 DHCP—5．配置路由器—6．配置网络可靠性策略</td></tr>
<tr><td>计划制订的方式</td><td colspan="6">小组讨论</td></tr>
<tr><td>序　　号</td><td colspan="3">工 作 步 骤</td><td colspan="3">注 意 事 项</td></tr>
<tr><td>1</td><td colspan="3"></td><td colspan="3"></td></tr>
<tr><td>2</td><td colspan="3"></td><td colspan="3"></td></tr>
<tr><td>3</td><td colspan="3"></td><td colspan="3"></td></tr>
<tr><td rowspan="3">计划的评价</td><td>班　　级</td><td></td><td>第　　组</td><td>组长签字</td><td colspan="2"></td></tr>
<tr><td>教师签字</td><td></td><td>日　　期</td><td colspan="3"></td></tr>
<tr><td colspan="6">评语：</td></tr>
</table>

3. 配置三层交换机数据 VLANIF 的决策单

<table>
<tr><td>学习情境四</td><td colspan="6">构建路由网络</td></tr>
<tr><td>学时</td><td colspan="6">0.4 学时</td></tr>
<tr><td>典型工作过程描述</td><td colspan="6">1．配置以太网数据 VLAN—2．配置以太网数据 RSTP—3．配置三层交换机数据 VLANIF—4．配置三层交换机数据 DHCP—5．配置路由器—6．配置网络可靠性策略</td></tr>
<tr><td colspan="7">计划对比</td></tr>
<tr><td>序　号</td><td>计划的可行性</td><td>计划的经济性</td><td>计划的可操作性</td><td colspan="2">计划的实施难度</td><td>综 合 评 价</td></tr>
<tr><td>1</td><td></td><td></td><td></td><td colspan="2"></td><td></td></tr>
<tr><td>2</td><td></td><td></td><td></td><td colspan="2"></td><td></td></tr>
<tr><td>3</td><td></td><td></td><td></td><td colspan="2"></td><td></td></tr>
<tr><td>N</td><td></td><td></td><td></td><td colspan="2"></td><td></td></tr>
<tr><td rowspan="3">决策的评价</td><td>班　级</td><td></td><td>第　组</td><td>组长签字</td><td colspan="2"></td></tr>
<tr><td>教师签字</td><td></td><td>日　期</td><td colspan="3"></td></tr>
<tr><td colspan="6">评语：</td></tr>
</table>

4. 配置三层交换机数据 VLANIF 的实施单

学习情境四	构建路由网络	
学时	1 学时	
典型工作过程描述	1. 配置以太网数据 VLAN—2. 配置以太网数据 RSTP—3. **配置三层交换机数据 VLANIF**—4. 配置三层交换机数据 DHCP—5. 配置路由器—6.配置网络可靠性策略	
序　号	实施的具体步骤	注 意 事 项

1	配置交换机 QHJY-XXGC-AGG01-S5700。
	[QHJY-XXGC-AGG01-S5700]interface Vlanif 101
	//进入 VLANIF 101 接口视图
	[QHJY-XXGC-AGG01-S5700-Vlanif101]ip address 192.168.101.1 24
	//配置 IP 地址为 192.168.101.1
	[QHJY-XXGC-AGG01-S5700-Vlanif101]quit
	//退出接口视图
	[QHJY-XXGC-AGG01-S5700]interface Vlanif 201
	//进入 VLANIF 201 接口视图
	[QHJY-XXGC-AGG01-S5700-Vlanif201]ip address 192.168.201.1 24
	//配置 IP 地址为 192.168.201.1
	[QHJY-XXGC-AGG01-S5700-Vlanif2O1]quit
	//退出接口视图
	[QHJY-XXGC-AGG01-S5700]interface Vlanif 100
	//进入 VLANIF 100 接口视图
	[QHJY-XXGC-AGG01-S5700-Vlanif100]ip address 192.168.100.1 24
	//配置 IP 地址为 192.168.100.1/24
	[QHJY-XXGC-AGG01-S5700-Vlanif100]quit
	//退出接口视图
	[QHJY-XXGC-AGG01-S5700]interface Vlanif 301
	//进入 VLANIF 301 接口视图
	[QHJY-XXGC-AGG01-S5700-Vlanif301]ip address 10.10.10.1 30
	//配置 IP 地址为 10.10.10.1/30
	[QHJY-XXGC-AGG01-S5700-Vlanif201]quit
	//退出接口视图	

2	配置交换机 QHJY-XXGC-ACC01-S3700。 [QHJY-XXGC-ACC01-S3700]interface Vlanif 80 //进入 VLANIF 90 接口视图 [QHJY-XXGC-ACC01-S3700-Vlanif90]ip address 192.168.80.1 24	

<table>
<tr><td rowspan="1">2</td><td>//配置 IP 地址为 192.168.80.1/24
[QHJY-XXGC-ACC01-S3700-Vlanif90]quit
//退出接口视图
[QHJY-XXGC-ACC01-S3700]interface Vlanif 100
//进入 VLANIF 100 接口视图
[QHJY-XXGC-ACC01-S3700-Vlanif100]ip address 192.168.100.2 24
//配置 IP 地址为 192.168.100.2/24
[QHJY-XXGC-ACC01-S3700-Vlanif100]quit
//退出接口视图</td><td></td></tr>
<tr><td>3</td><td>配置交换机 QHJY-XXGC-ACC02-S3700。
[QHJY-XXGC-ACC02-S3700]interface Vlanif 100
//进入 VLANIF 100 接口视图
[QHJY-XXGC-ACC02-S3700-Vlanif100]ip address 192.168.100.3 24
//配置 IP 地址为 192.168.100.3/24
[QHJY-XXGC-ACC02-S3700-Vlanif100]quit
//退出接口视图</td><td></td></tr>
<tr><td>4</td><td>配置交换机 QHJY-XXGC-ACC03-S3700。
[QHJY-XXGC-ACC03-S3700]interface Vlanif 100
//进入 VLANIF 100 接口视图
[QHJY-XXGC-ACC03-S3700-Vlanif100]ip address 192.168.100.4 24
//配置 IP 地址为 192.168.100.4/24
[QHJY-XXGC-ACC03-S3700-Vlanif100]quit
//退出接口视图</td><td></td></tr>
<tr><td colspan="3">实施说明：</td></tr>
</table>

<table>
<tr><td rowspan="3">实施的评价</td><td>班　　级</td><td></td><td>第　　组</td><td>组长签字</td><td></td></tr>
<tr><td>教师签字</td><td></td><td>日　　期</td><td colspan="2"></td></tr>
<tr><td colspan="5">评语：</td></tr>
</table>

5. 配置三层交换机数据 VLANIF 的检查单

<table>
<tr><td>学习情境四</td><td colspan="6">构建路由网络</td></tr>
<tr><td>学时</td><td colspan="6">0.4 学时</td></tr>
<tr><td>典型工作过程描述</td><td colspan="6">1．配置以太网数据 VLAN—2．配置以太网数据 RSTP—3．配置三层交换机数据 VLANIF—4．配置三层交换机数据 DHCP—5．配置路由器—6．配置网络可靠性策略</td></tr>
<tr><td>序　　号</td><td>检 查 项 目</td><td>检 查 标 准</td><td colspan="2">学 生 自 查</td><td colspan="2">教 师 检 查</td></tr>
<tr><td>1</td><td>配置是否生效。</td><td>命令正常运行。</td><td colspan="2"></td><td colspan="2"></td></tr>
<tr><td>2</td><td>状态是否正常。</td><td>状态正常。</td><td colspan="2"></td><td colspan="2"></td></tr>
<tr><td>3</td><td>参数是否正确。</td><td>与规划数据一致。</td><td colspan="2"></td><td colspan="2"></td></tr>
<tr><td rowspan="3">检查的评价</td><td>班　　级</td><td></td><td>第　　组</td><td>组长签字</td><td colspan="2"></td></tr>
<tr><td>教师签字</td><td></td><td>日　　期</td><td colspan="3"></td></tr>
<tr><td colspan="6">评语：</td></tr>
</table>

6. 配置三层交换机数据 VLANIF 的评价单

<table>
<tr><td>学习情境四</td><td colspan="5">构建路由网络</td></tr>
<tr><td>学时</td><td colspan="5">0.4 学时</td></tr>
<tr><td>典型工作过程描述</td><td colspan="5">1. 配置以太网数据 VLAN—2. 配置以太网数据 RSTP—3. 配置三层交换机数据 VLANIF—4. 配置三层交换机数据 DHCP—5. 配置路由器—6. 配置网络可靠性策略</td></tr>
<tr><td>评 价 项 目</td><td>评价子项目</td><td colspan="2">学生/小组自评</td><td>学生/组间互评</td><td>教 师 评 价</td></tr>
<tr><td>配置有效性。</td><td>作业流程是否完整。</td><td colspan="2"></td><td></td><td></td></tr>
<tr><td>状态正常值。</td><td>作业流程是否规范。</td><td colspan="2"></td><td></td><td></td></tr>
<tr><td>参数正确性。</td><td>是否做到参数正确性。</td><td colspan="2"></td><td></td><td></td></tr>
<tr><td>最终结果。</td><td></td><td colspan="2"></td><td></td><td></td></tr>
<tr><td rowspan="3">评价的评价</td><td>班　　级</td><td></td><td>第　　组</td><td>组长签字</td><td></td></tr>
<tr><td>教师签字</td><td></td><td>日　　期</td><td colspan="2"></td></tr>
<tr><td colspan="5">评语：</td></tr>
</table>

任务四　配置三层交换机数据 DHCP

1. 配置三层交换机数据 DHCP 的资讯单

<table>
<tr><td>学习情境四</td><td colspan="5">构建路由网络</td></tr>
<tr><td>学时</td><td colspan="5">0.4 学时</td></tr>
<tr><td>典型工作过程描述</td><td colspan="5">1．配置以太网数据 VLAN—2．配置以太网数据 RSTP—3．配置三层交换机数据 VLANIF—4．配置三层交换机数据 DHCP—5．配置路由器—6．配置网络可靠性策略</td></tr>
<tr><td>搜集资讯的方式</td><td colspan="5">线下书籍及线上资源：DHCP。</td></tr>
<tr><td>资讯描述</td><td colspan="5">1．描述配置三层交换机数据 DHCP 方法。
2．描述 DHCP 的基本原理。</td></tr>
<tr><td>对学生的要求</td><td colspan="5">1．正确配置三层交换机数据 DHCP。
2．正确理解 DHC P 的基本原理。
3．养成严谨的工作习惯。</td></tr>
<tr><td>参考资料</td><td colspan="5">1．华为技术有限公司编著，《网络系统建设与运维（中级）》，人民邮电出版社，2020 年 9 月。
2．教材及配套微课。</td></tr>
<tr><td rowspan="3">资讯的评价</td><td>班　级</td><td></td><td>第　组</td><td>组长签字</td><td></td></tr>
<tr><td>教师签字</td><td></td><td>日　期</td><td colspan="2"></td></tr>
<tr><td colspan="5">评语：</td></tr>
</table>

2．配置三层交换机数据 DHCP 的计划单

<table>
<tr><td>学习情境四</td><td colspan="6">构建路由网络</td></tr>
<tr><td>学时</td><td colspan="6">0.4 学时</td></tr>
<tr><td>典型工作过程描述</td><td colspan="6">1．配置以太网数据 VLAN—2．配置以太网数据 RSTP—3．配置三层交换机数据 VLANIF—4．配置三层交换机数据 DHCP—5．配置路由器—6．配置网络可靠性策略</td></tr>
<tr><td>计划制订的方式</td><td colspan="6">小组讨论</td></tr>
<tr><td>序　　号</td><td colspan="3">工 作 步 骤</td><td colspan="3">注 意 事 项</td></tr>
<tr><td>1</td><td colspan="3"></td><td colspan="3"></td></tr>
<tr><td>2</td><td colspan="3"></td><td colspan="3"></td></tr>
<tr><td>3</td><td colspan="3"></td><td colspan="3"></td></tr>
<tr><td>4</td><td colspan="3"></td><td colspan="3"></td></tr>
<tr><td rowspan="3">计划的评价</td><td>班　　级</td><td></td><td>第　　组</td><td>组长签字</td><td colspan="2"></td></tr>
<tr><td>教师签字</td><td></td><td>日　　期</td><td colspan="3"></td></tr>
<tr><td colspan="6">评语：</td></tr>
</table>

3．配置三层交换机数据 DHCP 的决策单

<table>
<tr><td>学习情境四</td><td colspan="6">构建路由网络</td></tr>
<tr><td>学时</td><td colspan="6">0.4 学时</td></tr>
<tr><td>典型工作过程描述</td><td colspan="6">1．配置以太网数据 VLAN—2．配置以太网数据 RSTP—3．配置三层交换机数据 VLANIF—4．配置三层交换机数据 DHCP—5．配置路由器—6．配置网络可靠性策略</td></tr>
<tr><td colspan="7">计划对比</td></tr>
<tr><td>序　　号</td><td>计划的可行性</td><td>计划的经济性</td><td>计划的可操作性</td><td colspan="2">计划的实施难度</td><td>综 合 评 价</td></tr>
<tr><td>1</td><td></td><td></td><td></td><td colspan="2"></td><td></td></tr>
<tr><td>2</td><td></td><td></td><td></td><td colspan="2"></td><td></td></tr>
<tr><td>3</td><td></td><td></td><td></td><td colspan="2"></td><td></td></tr>
<tr><td>N</td><td></td><td></td><td></td><td colspan="2"></td><td></td></tr>
<tr><td rowspan="3">决策的评价</td><td>班　　级</td><td></td><td>第　　组</td><td>组长签字</td><td colspan="2"></td></tr>
<tr><td>教师签字</td><td></td><td>日　　期</td><td colspan="3"></td></tr>
<tr><td colspan="6">评语：</td></tr>
</table>

4. 配置三层交换机数据 DHCP 的实施单

<table>
<tr><td>学习情境四</td><td colspan="5">构建路由网络</td></tr>
<tr><td>学时</td><td colspan="5">1 学时</td></tr>
<tr><td>典型工作过程描述</td><td colspan="5">1．配置以太网数据 VLAN—2．配置以太网数据 RSTP—3．配置三层交换机数据 VLANIF—4．配置三层交换机数据 DHCP—5．配置路由器—6．配置网络可靠性策略</td></tr>
<tr><td>序　　号</td><td colspan="4">实施的具体步骤</td><td>注 意 事 项</td></tr>
<tr><td>1</td><td colspan="4">[QHJY-XXGC-AGG01-S5700]dhcp enable
//全局启用 DHCP 功能</td><td></td></tr>
<tr><td>2</td><td colspan="4">[QHJY-XXGC-AGG01-S5700]interface Vlanif 201
//进入 VLANIF 201 接口</td><td>确保 VLANIF 正确</td></tr>
<tr><td>3</td><td colspan="4">[QHJY-XXGC-AGG01-S5700-Vlanif201]dhcp select interface
//配置客户端从 IP 地址池中获取 IP 地址</td><td></td></tr>
<tr><td>4</td><td colspan="4">[QHJY-XXGC-AGG01-S5700-Vlanif201]dhcp server dns-list 192.168.80.100
//配置客户端从 DHCP 服务器上获取 DNS 地址</td><td>确保 DHCP 服务器正确</td></tr>
<tr><td colspan="6">实施说明：</td></tr>
<tr><td rowspan="3">实施的评价</td><td>班　　级</td><td></td><td>第　　组</td><td>组长签字</td><td></td></tr>
<tr><td>教师签字</td><td></td><td>日　　期</td><td colspan="2"></td></tr>
<tr><td colspan="5">评语：</td></tr>
</table>

5. 配置三层交换机数据 DHCP 的检查单

<table>
<tr><td>学习情境四</td><td colspan="5">构建路由网络</td></tr>
<tr><td>学时</td><td colspan="5">0.4 学时</td></tr>
<tr><td>典型工作过程描述</td><td colspan="5">1. 配置以太网数据 VLAN—2. 配置以太网数据 RSTP—3. 配置三层交换机数据 VLANIF—4. 配置三层交换机数据 DHCP—5. 配置路由器—6. 配置网络可靠性策略</td></tr>
<tr><td>序　号</td><td>检查项目</td><td>检查标准</td><td colspan="2">学生自查</td><td>教师检查</td></tr>
<tr><td>1</td><td>配置是否生效。</td><td>命令正常运行。</td><td colspan="2"></td><td></td></tr>
<tr><td>2</td><td>状态是否正常。</td><td>状态正常。</td><td colspan="2"></td><td></td></tr>
<tr><td>3</td><td>参数是否正确。</td><td>与规划数据一致。</td><td colspan="2"></td><td></td></tr>
<tr><td rowspan="3">检查的评价</td><td>班　级</td><td></td><td>第　组</td><td>组长签字</td><td></td></tr>
<tr><td>教师签字</td><td></td><td>日　期</td><td colspan="2"></td></tr>
<tr><td colspan="5">评语：</td></tr>
</table>

6. 配置三层交换机数据 DHCP 的评价单

学习情境四	构建路由网络
学时	0.4 学时
典型工作过程描述	1．配置以太网数据 VLAN—2．配置以太网数据 RSTP—3．配置三层交换机数据 VLANIF—**4．配置三层交换机数据 DHCP**—5．配置路由器—6．配置网络可靠性策略

评 价 项 目	评价子项目	学生/小组自评	学生/组间互评	教 师 评 价
配置有效性。	配置是否生效。			
状态正常值。	状态是否正常。			
参数正确性。	参数是否正确。			
满足需求。	客户端是否能从 IP 地址池中获取 IP 地址。			
最终结果。				

<table>
<tr><td rowspan="3">评价的评价</td><td>班 级</td><td></td><td>第 组</td><td>组长签字</td><td></td></tr>
<tr><td>教师签字</td><td></td><td>日 期</td><td colspan="2"></td></tr>
<tr><td colspan="5">评语：</td></tr>
</table>

任务五　配置路由器

1．配置路由器的资讯单

学习情境四	构建路由网络				
学时	0.4 学时				
典型工作过程描述	1．配置以太网数据 VLAN—2．配置以太网数据 RSTP—3．配置三层交换机数据 VLANIF—4．配置三层交换机数据 DHCP—5．**配置路由器**—6．配置网络可靠性策略				
搜集资讯的方式	线下书籍及线上资源：路由器。				
资讯描述	描述配置路由的方法。				
对学生的要求	1．能够正确配置动态路由 OSPF、默认路由。 2．能够灵活、正确运用不同路由。 3．能够养成严谨细致的工作作风。				
参考资料	1．华为技术有限公司编著，《网络系统建设与运维（中级）》，人民邮电出版社，2020 年 9 月。 2．教材及配套微课。				
资讯的评价	班　　级		第　　组	组长签字	
	教师签字		日　　期		
	评语：				

2. 配置路由器的计划单

<table>
<tr><td>学习情境四</td><td colspan="2">构建路由网络</td></tr>
<tr><td>学时</td><td colspan="2">0.4 学时</td></tr>
<tr><td>典型工作过程描述</td><td colspan="2">1. 配置以太网数据 VLAN—2. 配置以太网数据 RSTP—3. 配置三层交换机数据 VLANIF—4. 配置三层交换机数据 DHCP—5. 配置路由器—6. 配置网络可靠性策略</td></tr>
<tr><td>计划制订的方式</td><td colspan="2">小组讨论</td></tr>
<tr><td>序　号</td><td>工 作 步 骤</td><td>注 意 事 项</td></tr>
<tr><td>1</td><td></td><td></td></tr>
<tr><td>2</td><td></td><td></td></tr>
<tr><td>3</td><td></td><td></td></tr>
<tr><td>4</td><td></td><td></td></tr>
<tr><td>5</td><td></td><td></td></tr>
<tr><td>6</td><td></td><td></td></tr>
</table>

<table>
<tr><td rowspan="3">计划的评价</td><td>班　级</td><td></td><td>第　组</td><td>组长签字</td><td></td></tr>
<tr><td>教师签字</td><td></td><td>日　期</td><td colspan="2"></td></tr>
<tr><td colspan="5">评语：</td></tr>
</table>

3. 配置路由器的决策单

学习情境四	构建路由网络				
学时	0.4 学时				
典型工作过程描述	1．配置以太网数据 VLAN—2．配置以太网数据 RSTP—3．配置三层交换机数据 VLANIF—4．配置三层交换机数据 DHCP—**5．配置路由器**—6．配置网络可靠性策略				
计划对比					
序　号	计划的可行性	计划的经济性	计划的可操作性	计划的实施难度	综 合 评 价
1					
2					
3					
4					
5					
6					
决策的评价	班　级		第　组	组长签字	
	教师签字		日　期		
	评语：				

4. 配置路由器的实施单

<table>
<tr><td>学习情境四</td><td colspan="2">构建路由网络</td></tr>
<tr><td>学时</td><td colspan="2">1 学时</td></tr>
<tr><td>典型工作过程描述</td><td colspan="2">1．配置以太网数据 VLAN—2．配置以太网数据 RSTP—3．配置三层交换机数据 VLANIF—4．配置三层交换机数据 DHCP—5．配置路由器—6．配置网络可靠性策略</td></tr>
<tr><td>序　　号</td><td>实施的具体步骤</td><td>注 意 事 项</td></tr>
<tr><td>1</td><td>配置路由器 QHJY-XXGC-CORE1-AR2220。
[QHJY-XXGC-CORE1-AR2220]ospf 10
//创建 OSPF 进程 10
[QHJY-XXGC-CORE1-AR2220-ospf-10]area 0
//进入 OSPF Area 0
[QHJY-XXGC-CORE1-AR2220-ospf-10-area-0.0.0.0]network 10.10.10.0 0.0.0.31
//将 10.10.10.0/30 加入 Area 0
[QHJY-XXGC-CORE1-AR2220-ospf-10-area-0.0.0.0]quit
//返回 OSPF 进程视图
[QHJY-XXGC-CORE1-AR2220-ospf-10]default-route-advertise always
//将默认路由器通告到 OSPF 区域
[QHJY-XXGC-CORE1-AR2220-ospf-10]quit
//返回系统视图</td><td></td></tr>
<tr><td>2</td><td>配置交换机 QHJY-XXGC-AGG01-S5700。
[QHJY-XXGC-AGG01-S5700]ospf 10
//创建 OSPF 进程 10
[QHJY-XXGC-AGG01-S5700-ospf-10]area 0
//进入 OSPF Area 0
[QHJY-XXGC-AGG01-S5700-ospf-10-area-0.0.0.0]network 192.168.101.0 0.0.0.255
//将 192.168.101.0/24 加入 Area 0
[QHJY-XXGC-AGG01-S5700-ospf-10-area-0.0.0.0]network 192.168.201.0 0.0.0.255
//将 192.168.201.0/24 加入 Area 0
[QHJY-XXGC-AGG01-S5700-ospf-10-area-0.0.0.0]network 192.168.100.0 0.0.0.255
//将 192.168.100.0/24 加入 Area 0
[QHJY-XXGC-AGG01-S5700-ospf-10-area-0.0.0.0]network 10.10.10.0 0.0.0.3
//将 10.10.10.0/30 加入 Area 0
[QHJY-XXGC-AGG01-S5700-ospf-10-area-0.0.0.0]quit
//返回 OSPF 进程视图
[QHJY-XXGC-AGG01-S5700-ospf-10]quit
//返回系统视图</td><td></td></tr>
</table>

<table>
<tr><td>3</td><td>配置交换机 QHJY-XXGC-ACC01-S3700。
[QHJY-XXGC-ACC01-S3700]ospf 10
//创建 OSPF 进程 10
[QHJY-XXGC-ACC01-S3700-ospf-10]area 0
//进入 OSPF Area 0
[QHJY-XXGC-ACC01-S3700-ospf-10-area-0.0.0.0]network 192.168.80.0 0.0.0.255
//将 192.168.80.0/24 加入 Area 0
[QHJY-XXGC-ACC01-S3700-ospf-10-area-0.0.0.0]network 192.168.100.0 0.0.0.255
//将 192.168.100.0/24 加入 Area 0
[QHJY-XXGC-ACC01-S3700-ospf-10-area-0.0.0.0]quit
//返回 OSPF 进程视图
[QHJY-XXGC-ACC01-S3700-ospf-10]quit
（1）配置交换机 QHJY-XXGC-ACC02-S3700。
[QHJY-XXGC-ACC02-S3700]ip route-static 0.0.0.0 0 192.168.100.1
//配置默认路由器指向 192.168.100.1
（2）配置交换机 QHJY-XXGC-ACC03-S3700。
[QHJY-XXGC-ACC03-S3700]ip route-static 0.0.0.0 0 192.168.100.1
//配置默认路由器指向 192.168.100.1
//返回系统视图</td><td></td></tr>
<tr><td>4</td><td>在接入交换机 QHJY-XXGC-ACC02-S3700、QHJY-XXGC-ACC03-S3700 上配置默认路由器指向 QHJY-XXGC-AGG01-S5700。
（1）配置交换机 QHJY-XXGC-ACC02-S3700。
[QHJY-XXGC-ACC02-S3700]ip route-static 0.0.0.0 0 192.168.100.1
//配置默认路由器指向 192.168.100.1
（2）配置交换机 QHJY-XXGC-ACC03-S3700。
[QHJY-XXGC-ACC03-S3700]ip route-static 0.0.0.0 0 192.168.100.1
//配置默认路由器指向 192.168.100.1</td><td></td></tr>
<tr><td colspan="3">实施说明：</td></tr>
</table>

<table>
<tr><td rowspan="3">实施的评价</td><td>班　　级</td><td></td><td>第　　组</td><td>组长签字</td><td></td></tr>
<tr><td>教师签字</td><td></td><td>日　　期</td><td colspan="2"></td></tr>
<tr><td colspan="5">评语：</td></tr>
</table>

5. 配置路由器的检查单

<table>
<tr><td>学习情境四</td><td colspan="6">构建路由网络</td></tr>
<tr><td>学时</td><td colspan="6">0.4 学时</td></tr>
<tr><td>典型工作过程描述</td><td colspan="6">1．配置以太网数据 VLAN—2．配置以太网数据 RSTP—3．配置三层交换机数据 VLANIF—4．配置三层交换机数据 DHCP—5．配置路由器—6．配置网络可靠性策略</td></tr>
<tr><td>序　　号</td><td colspan="2">检查项目</td><td colspan="2">检查标准</td><td>学生自查</td><td>教师检查</td></tr>
<tr><td>1</td><td colspan="2">配置是否生效。</td><td colspan="2">命令正常运行。</td><td></td><td></td></tr>
<tr><td>2</td><td colspan="2">状态是否正常。</td><td colspan="2">状态正常。</td><td></td><td></td></tr>
<tr><td>3</td><td colspan="2">参数是否正确。</td><td colspan="2">与规划数据一致。</td><td></td><td></td></tr>
<tr><td rowspan="3">检查的评价</td><td>班　　级</td><td></td><td>第　　组</td><td>组长签字</td><td colspan="2"></td></tr>
<tr><td>教师签字</td><td></td><td>日　　期</td><td colspan="3"></td></tr>
<tr><td colspan="6">评语：</td></tr>
</table>

6. 配置路由器的评价单

<table>
<tr><td>学习情境四</td><td colspan="5">构建路由网络</td></tr>
<tr><td>学时</td><td colspan="5">0.4 学时</td></tr>
<tr><td>典型工作过程描述</td><td colspan="5">1．配置以太网数据 VLAN—2．配置以太网数据 RSTP—3．配置三层交换机数据 VLANIF—4．配置三层交换机数据 DHCP—5．配置路由器—6．配置网络可靠性策略</td></tr>
<tr><td>评 价 项 目</td><td>评价子项目</td><td colspan="2">学生/小组自评</td><td>学生/组间互评</td><td>教 师 评 价</td></tr>
<tr><td>配置有效性。</td><td>配置是否生效。</td><td colspan="2"></td><td></td><td></td></tr>
<tr><td>状态正常值。</td><td>状态是否正常。</td><td colspan="2"></td><td></td><td></td></tr>
<tr><td>参数正确性。</td><td>参数是否正确。</td><td colspan="2"></td><td></td><td></td></tr>
<tr><td>最终结果。</td><td></td><td colspan="2"></td><td></td><td></td></tr>
<tr><td rowspan="3">评价的评价</td><td>班　　级</td><td></td><td>第　　组</td><td>组长签字</td><td></td></tr>
<tr><td>教师签字</td><td></td><td>日　　期</td><td colspan="2"></td></tr>
<tr><td colspan="5">评语：</td></tr>
</table>

任务六　配置网络可靠性策略

1．配置网络可靠性策略的资讯单

<table>
<tr><td>学习情境四</td><td colspan="5">构建路由网络</td></tr>
<tr><td>学时</td><td colspan="5">0.4 学时</td></tr>
<tr><td>典型工作过程描述</td><td colspan="5">1．配置以太网数据 VLAN—2．配置以太网数据 RSTP—3．配置三层交换机数据 VLANIF—4．配置三层交换机数据 DHCP—5．配置路由器—6．配置网络可靠性策略</td></tr>
<tr><td>描述资讯的方式</td><td colspan="5">线下书籍及线上资源相结合。</td></tr>
<tr><td>资讯描述</td><td colspan="5">1．描述理解配置网络可靠性策略—链路聚合的目的。
2．描述配置网络可靠性策略—链路聚合的方法。</td></tr>
<tr><td>对学生的要求</td><td colspan="5">1．能正确描述配置网络可靠性策略—链路聚合目的。
2．能正确配置网络可靠性策略—链路聚合。</td></tr>
<tr><td>参考资料</td><td colspan="5">1．华为技术有限公司编著，《网络系统建设与运维（中级）》，人民邮电出版社，2020 年 9 月。
2．教材及配套微课。</td></tr>
<tr><td rowspan="3">资讯的评价</td><td>班　　级</td><td></td><td>第　　组</td><td>组长签字</td><td></td></tr>
<tr><td>教师签字</td><td></td><td>日　　期</td><td colspan="2"></td></tr>
<tr><td colspan="5">评语：</td></tr>
</table>

2. 配置网络可靠性策略的计划单

<table>
<tr><td colspan="2">学习情境四</td><td colspan="5">构建路由网络</td></tr>
<tr><td colspan="2">学时</td><td colspan="5">0.4 学时</td></tr>
<tr><td colspan="2">典型工作过程描述</td><td colspan="5">1．配置以太网数据 VLAN—2．配置以太网数据 RSTP—3．配置三层交换机数据 VLANIF—4．配置三层交换机数据 DHCP—5．配置路由器—6．配置网络可靠性策略</td></tr>
<tr><td colspan="2">计划制订的方式</td><td colspan="5">小组讨论</td></tr>
<tr><td>序　号</td><td colspan="3">工 作 步 骤</td><td colspan="3">注 意 事 项</td></tr>
<tr><td>1</td><td colspan="3"></td><td colspan="3"></td></tr>
<tr><td>2</td><td colspan="3"></td><td colspan="3"></td></tr>
<tr><td>3</td><td colspan="3"></td><td colspan="3"></td></tr>
<tr><td>4</td><td colspan="3"></td><td colspan="3"></td></tr>
<tr><td rowspan="3" colspan="2">计划的评价</td><td>班　级</td><td></td><td>第　组</td><td>组长签字</td><td></td></tr>
<tr><td>教师签字</td><td></td><td>日　期</td><td colspan="2"></td></tr>
<tr><td colspan="5">评语：</td></tr>
</table>

3. 配置网络可靠性策略的决策单

<table>
<tr><td>学习情境四</td><td colspan="6">构建路由网络</td></tr>
<tr><td>学时</td><td colspan="6">0.4 学时</td></tr>
<tr><td>典型工作过程描述</td><td colspan="6">1．配置以太网数据 VLAN—2．配置以太网数据 RSTP—3．配置三层交换机数据 VLANIF—4．配置三层交换机数据 DHCP—5．配置路由器—6．配置网络可靠性策略</td></tr>
<tr><td colspan="7">计划对比</td></tr>
<tr><td>序　　号</td><td colspan="2">计划的可行性</td><td>计划的经济性</td><td>计划的可操作性</td><td>计划的实施难度</td><td>综 合 评 价</td></tr>
<tr><td>1</td><td colspan="2"></td><td></td><td></td><td></td><td></td></tr>
<tr><td>2</td><td colspan="2"></td><td></td><td></td><td></td><td></td></tr>
<tr><td>3</td><td colspan="2"></td><td></td><td></td><td></td><td></td></tr>
<tr><td>N</td><td colspan="2"></td><td></td><td></td><td></td><td></td></tr>
<tr><td rowspan="3">决策的评价</td><td>班　　级</td><td></td><td>第　　组</td><td>组长签字</td><td colspan="2"></td></tr>
<tr><td>教师签字</td><td></td><td>日　　期</td><td colspan="3"></td></tr>
<tr><td colspan="6">评语：</td></tr>
</table>

4．配置网络可靠性策略的实施单

学习情境四	构建路由网络	
学时	1 学时	
典型工作过程描述	1．配置以太网数据 VLAN—2．配置以太网数据 RSTP—3．配置三层交换机数据 VLANIF—4．配置三层交换机数据 DHCP—5．配置路由器—**6．配置网络可靠性策略**	
序　　号	**实施的具体步骤**	**注 意 事 项**

1	配置交换机 QHJY-XXGC-AGG01-S5700。
	[QHJY-XXGC-AGG01-S5700]interface eth-trunk 1
	//创建 Eth-Trunk 1
	[QHJY-XXGC-AGG01-S5700-Eth-Trunk1]port link-type trunk
	//配置端口模式为 Trunk
	[QHJY-XXGC-AGG01-S5700-Eth-Trunk1]port trunk allow-pass vlan 100
	//配置干道放行 VLAN 100
	[QHJY-XXGC-AGG01-S5700-Eth-Trunk1]quit
	//退出
	[QHJY-XXGC-AGG01-S5700]interface gi0/0/21
	//进入 GE0/0/21 端口
	[QHJY-XXGC-AGG01-S5700-GigabitEthernet0/0/21]eth-trunk 1
	//加入 Eth-trunk 1
	[QHJY-XXGC-AGG01-S5700]interface gi0/0/22
	//进入 GE0/0/22 端口
	[QHJY-XXGC-AGG01-S5700-GigabitEtherneto/0/22jeth-trunk 1
	//加入 Eth-trunk 1
	[QHJY-XXGC-AGG01-S5700-GigabitEthernet0/0/22]quit
	//退出	

2	配置交换机 QHJY-XXGC-ACC01-S3700。
	[QHJY-XXGC-ACC01-S3700]interface eth-trunk 1
	//创建 Eth-trunk 1
	[QHJY-XXGC-ACC01-S3700-Eth-Trunk 1]port link-type trunk
	//配置端口模式为 Trunk
	[QHJY-XXGC-ACC01-S3700-Eth-Trunk1]port trunk allow-pass vlan 100
	//配置干道放行 VLAN 100
	[QHJY-XXGC-ACC01-S3700-Eth-Trunk1]quit
	//退出
	[QHJY-XXGC-ACC01-S3700]interface gi0/0/21
	//进入 GE0/0/21 端口	

<table>
<tr><td>2</td><td>[QHJY-XXGC-ACC01-S3700-GigabitEthernet0/0/21]eth-trunk 1
//加入 Eth-Trunk 1
[QHJY-XXGC-ACC01-S3700]interface gi0/0/22
//进入 GE0/0/22 端口
[QHJY-XXGC-ACC01-S3700-GigabitEthernet0/0/22]eth-trunk 1
//加入 Eth-Trunk 1
[QHJY-XXGC-ACC01-S3700-GigabitEthernet0/0/22]quit
//退出</td><td></td></tr>
<tr><td>3</td><td>查看结果 display eth-trunk。</td><td></td></tr>
<tr><td colspan="3">实施的说明：</td></tr>
</table>

<table>
<tr><td rowspan="3">实施的评价</td><td>班　　级</td><td></td><td>第　　组</td><td>组长签字</td><td></td></tr>
<tr><td>教师签字</td><td></td><td>日　　期</td><td colspan="2"></td></tr>
<tr><td colspan="5">评语：</td></tr>
</table>

5. 配置网络可靠性策略的检查单

<table>
<tr><td>学习情境四</td><td colspan="5">构建路由网络</td></tr>
<tr><td>学时</td><td colspan="5">0.4 学时</td></tr>
<tr><td>典型工作过程描述</td><td colspan="5">1．配置以太网数据 VLAN—2．配置以太网数据 RSTP—3．配置三层交换机数据 VLANIF—4．配置三层交换机数据 DHCP—5．配置路由器—6．配置网络可靠性策略</td></tr>
<tr><td>序　　号</td><td>检 查 项 目</td><td>检 查 标 准</td><td colspan="2">学 生 自 查</td><td>教 师 检 查</td></tr>
<tr><td>1</td><td>配置是否生效。</td><td>命令正常运行。</td><td colspan="2"></td><td></td></tr>
<tr><td>2</td><td>状态是否正常。</td><td>状态正常。</td><td colspan="2"></td><td></td></tr>
<tr><td>3</td><td>参数是否正确。</td><td>与规划数据一致。</td><td colspan="2"></td><td></td></tr>
<tr><td rowspan="3">检查的评价</td><td>班　　级</td><td></td><td>第　　组</td><td>组长签字</td><td></td></tr>
<tr><td>教师签字</td><td></td><td>日　　期</td><td colspan="2"></td></tr>
<tr><td colspan="5">评语：</td></tr>
</table>

6. 配置网络可靠性策略的评价单

<table>
<tr><td>学习情境四</td><td colspan="4">构建路由网络</td></tr>
<tr><td>学时</td><td colspan="4">0.4 学时</td></tr>
<tr><td>典型工作过程描述</td><td colspan="4">1．配置以太网数据 VLAN—2．配置以太网数据 RSTP—3．配置三层交换机数据 VLANIF—4．配置三层交换机数据 DHCP—5．配置路由器—6．配置网络可靠性策略</td></tr>
<tr><td>评 价 项 目</td><td>评价子项目</td><td>学生/小组自评</td><td>学生/组间互评</td><td>教 师 评 价</td></tr>
<tr><td>配置有效性。</td><td>配置是否生效。</td><td></td><td></td><td></td></tr>
<tr><td>状态正常值。</td><td>状态是否正常。</td><td></td><td></td><td></td></tr>
<tr><td>参数正确性。</td><td>参数是否正确。</td><td></td><td></td><td></td></tr>
<tr><td>最终结果。</td><td></td><td></td><td></td><td></td></tr>
<tr><td rowspan="3">评价的评价</td><td>班 级</td><td></td><td>第 组</td><td>组长签字</td></tr>
<tr><td>教师签字</td><td></td><td>日 期</td><td></td></tr>
<tr><td colspan="4">评语：</td></tr>
</table>

学习情境五　管理信息安全

任务一　配置网络安全技术ACL

1．配置网络安全技术 ACL 的资讯单

<table>
<tr><td>学习情境五</td><td colspan="6">管理信息安全</td></tr>
<tr><td>学时</td><td colspan="6">0.4 学时</td></tr>
<tr><td>典型工作过程描述</td><td colspan="6">1．配置网络安全技术 ACL—2．配置网络安全技术 NAT—3．配置 SSH 服务</td></tr>
<tr><td>搜集资讯的方式</td><td colspan="6">线下书籍及线上资源：ACL。</td></tr>
<tr><td>资讯描述</td><td colspan="6">1．描述 ACL 的基本原理。
2．描述配置网络安全技术 ACL 的方法。</td></tr>
<tr><td>对学生的要求</td><td colspan="6">1．能正确配置网络安全技术 ACL。
2．能理解 ACL 的基本原理。</td></tr>
<tr><td>参考资料</td><td colspan="6">1．华为技术有限公司编著，《网络系统建设与运维（中级）》，人民邮电出版社，2020 年 9 月。
2．教材及配套微课。</td></tr>
<tr><td rowspan="3">资讯的评价</td><td>班　级</td><td></td><td>第　组</td><td>组长签字</td><td colspan="2"></td></tr>
<tr><td>教师签字</td><td></td><td>日期</td><td colspan="3"></td></tr>
<tr><td colspan="6">评语：</td></tr>
</table>

2. 配置网络安全技术 ACL 的计划单

<table>
<tr><td>学习情境五</td><td colspan="5">管理信息安全</td></tr>
<tr><td>学时</td><td colspan="5">0.4 学时</td></tr>
<tr><td>典型工作过程描述</td><td colspan="5">1. 配置网络安全技术 ACL—2. 配置网络安全技术 NAT—3. 配置 SSH 服务</td></tr>
<tr><td>计划制订的方式</td><td colspan="5">小组讨论</td></tr>
<tr><td>序　号</td><td colspan="3">工 作 步 骤</td><td colspan="2">注 意 事 项</td></tr>
<tr><td>1</td><td colspan="3"></td><td colspan="2"></td></tr>
<tr><td>2</td><td colspan="3"></td><td colspan="2"></td></tr>
<tr><td>3</td><td colspan="3"></td><td colspan="2"></td></tr>
<tr><td>4</td><td colspan="3"></td><td colspan="2"></td></tr>
<tr><td>5</td><td colspan="3"></td><td colspan="2"></td></tr>
<tr><td>6</td><td colspan="3"></td><td colspan="2"></td></tr>
<tr><td>7</td><td colspan="3"></td><td colspan="2"></td></tr>
<tr><td>8</td><td colspan="3"></td><td colspan="2"></td></tr>
<tr><td rowspan="3">计划的评价</td><td>班　　级</td><td></td><td>第　　组</td><td>组长签字</td><td></td></tr>
<tr><td>教师签字</td><td></td><td>日　　期</td><td colspan="2"></td></tr>
<tr><td colspan="5">评语：</td></tr>
</table>

3. 配置网络安全技术 ACL 的决策单

<table>
<tr><td>学习情境五</td><td colspan="6">管理信息安全</td></tr>
<tr><td>学时</td><td colspan="6">0.4 学时</td></tr>
<tr><td>典型工作过程描述</td><td colspan="6">1．配置网络安全技术 ACL—2．配置网络安全技术 NAT—3．配置 SSH 服务</td></tr>
<tr><td colspan="7">计划对比</td></tr>
<tr><td>序　　号</td><td>计划的可行性</td><td>计划的经济性</td><td colspan="2">计划的可操作性</td><td>计划的实施难度</td><td>综 合 评 价</td></tr>
<tr><td>1</td><td></td><td></td><td colspan="2"></td><td></td><td></td></tr>
<tr><td>2</td><td></td><td></td><td colspan="2"></td><td></td><td></td></tr>
<tr><td>3</td><td></td><td></td><td colspan="2"></td><td></td><td></td></tr>
<tr><td>4</td><td></td><td></td><td colspan="2"></td><td></td><td></td></tr>
<tr><td rowspan="3">决策的评价</td><td>班　　级</td><td></td><td>第　　组</td><td>组长签字</td><td colspan="2"></td></tr>
<tr><td>教师签字</td><td></td><td>日　　期</td><td colspan="3"></td></tr>
<tr><td colspan="6">评语：</td></tr>
</table>

4. 配置网络安全技术 ACL 的实施单

<table>
<tr><td>学习情境五</td><td colspan="5">管理信息安全</td></tr>
<tr><td>学时</td><td colspan="5">1 学时</td></tr>
<tr><td>典型工作过程描述</td><td colspan="5">1．配置网络安全技术 ACL—2．配置网络安全技术 NAT—3．配置 SSH 服务</td></tr>
<tr><td>序　　号</td><td colspan="4">实施的具体步骤</td><td>注 意 事 项</td></tr>
<tr><td>1</td><td colspan="4">创建 ACL 2000，配置规则为允许内网用户网段通过。
[QHJY-XXGC-CORE1-AR2220]acl 2000
//创建 ACL，编号为 2000</td><td>创建 ACL 参数必须和规划数据保持一致。</td></tr>
<tr><td>2</td><td colspan="4">[QHJY-XXGC-CORE1-AR2220-acl-basic-2000]rule permit source 192.168.101.0 0.0.0.255
//配置规则，允许源 IP 地址 192.168.101.0/24 网段通过
[QHJY-XXGC-CORE1-AR2220-acl-basic-2000]rule permit source 192.168.201.0 0.0.0.255
//配置规则，允许源 IP 地址 192.168.201.0/24 网段通过
[QHJY-XXGC-CORE1-AR2220-acl-basic-2000]rule permit source 192.168.80.0 0.0.0.255
//配置规则，允许源 IP 地址 192.168.80.0/24 网段通过
[QHJY-XXGC-CORE1-AR2220-acl-basic-2000]quit
//返回全局模式</td><td>配置规则为允许内网用户网段通过需符合项目需求。</td></tr>
<tr><td colspan="6">实施说明：</td></tr>
<tr><td rowspan="3">实施的评价</td><td>班　　级</td><td></td><td>第　　组</td><td>组长签字</td><td></td></tr>
<tr><td>教师签字</td><td></td><td>日　　期</td><td colspan="2"></td></tr>
<tr><td colspan="5">评语：</td></tr>
</table>

5. 配置网络安全技术 ACL 的检查单

<table>
<tr><td>**学习情境五**</td><td colspan="5">管理信息安全</td></tr>
<tr><td>**学时**</td><td colspan="5">0.4 学时</td></tr>
<tr><td>**典型工作过程描述**</td><td colspan="5">**1．配置网络安全技术 ACL**—2．配置网络安全技术 NAT—3．配置 SSH 服务</td></tr>
<tr><td>**序　　号**</td><td>**检 查 项 目**</td><td>**检 查 标 准**</td><td colspan="2">**学 生 自 查**</td><td>**教 师 检 查**</td></tr>
<tr><td>1</td><td>配置是否生效。</td><td>命令正常。</td><td colspan="2"></td><td></td></tr>
<tr><td>2</td><td>状态是否正常。</td><td>ACL 配置显示正常。</td><td colspan="2"></td><td></td></tr>
<tr><td>3</td><td>参数是否正确。</td><td>与规划数据一致。</td><td colspan="2"></td><td></td></tr>
<tr><td rowspan="3">**检查的评价**</td><td>班　　级</td><td></td><td>第　　组</td><td>组长签字</td><td></td></tr>
<tr><td>教师签字</td><td></td><td>日　　期</td><td colspan="2"></td></tr>
<tr><td colspan="5">评语：</td></tr>
</table>

6. 配置网络安全技术 ACL 的评价单

<table>
<tr><td>学习情境五</td><td colspan="6">管理信息安全</td></tr>
<tr><td>学时</td><td colspan="6">0.4 学时</td></tr>
<tr><td>典型工作过程描述</td><td colspan="6">1．配置网络安全技术 ACL—2．配置网络安全技术 NAT—3．配置 SSH 服务</td></tr>
<tr><td>评 价 项 目</td><td colspan="2">评价子项目</td><td>学生/小组自评</td><td colspan="2">学生/组间互评</td><td>教 师 评 价</td></tr>
<tr><td>配置有效性。</td><td colspan="2">配置是否生效。</td><td></td><td colspan="2"></td><td></td></tr>
<tr><td>状态正常值。</td><td colspan="2">状态是否正常。</td><td></td><td colspan="2"></td><td></td></tr>
<tr><td>参数正确性。</td><td colspan="2">参数是否正确。</td><td></td><td colspan="2"></td><td></td></tr>
<tr><td>最终结果。</td><td colspan="2"></td><td></td><td colspan="2"></td><td></td></tr>
<tr><td rowspan="3">评价的评价</td><td>班　　级</td><td></td><td>第　　组</td><td>组长签字</td><td colspan="2"></td></tr>
<tr><td>教师签字</td><td></td><td>日　　期</td><td colspan="3"></td></tr>
<tr><td colspan="6">评语：</td></tr>
</table>

任务二　配置网络安全技术 NAT

1. 配置网络安全技术 NAT 的资讯单

<table>
<tr><td>学习情境五</td><td colspan="5">管理信息安全</td></tr>
<tr><td>学时</td><td colspan="5">0.4 学时</td></tr>
<tr><td>典型工作过程描述</td><td colspan="5">1．配置网络安全技术 ACL—2．配置网络安全技术 NAT—3．配置 SSH 服务</td></tr>
<tr><td>搜集资讯的方式</td><td colspan="5">线下书籍及线上资源：NAT。</td></tr>
<tr><td>资讯描述</td><td colspan="5">1．描述配置网络安全技术 NAT 的方法。
2．描述 NAT 的基本原理。</td></tr>
<tr><td>对学生的要求</td><td colspan="5">1．能理解 NAT 的基本原理。
2．能正确配置网络安全技术 NAT。
3．能够养成严谨细致的工作作风。</td></tr>
<tr><td>参考资料</td><td colspan="5">1．华为技术有限公司编著，《网络系统建设与运维（中级）》，人民邮电出版社，2020 年 9 月。
2．教材及配套微课。</td></tr>
<tr><td rowspan="3">资讯的评价</td><td>班　　级</td><td></td><td>第　　组</td><td>组长签字</td><td></td></tr>
<tr><td>教师签字</td><td></td><td>日　　期</td><td colspan="2"></td></tr>
<tr><td colspan="5">评语：</td></tr>
</table>

2. 配置网络安全技术 NAT 的计划单

<table>
<tr><td>学习情境五</td><td colspan="6">管理信息安全</td></tr>
<tr><td>学时</td><td colspan="6">0.4 学时</td></tr>
<tr><td>典型工作过程描述</td><td colspan="6">1．配置网络安全技术 ACL—2．配置网络安全技术 NAT—3．配置 SSH 服务</td></tr>
<tr><td>计划制订的方式</td><td colspan="6">小组讨论</td></tr>
<tr><td>序　　号</td><td colspan="3">工 作 步 骤</td><td colspan="3">注 意 事 项</td></tr>
<tr><td>1</td><td colspan="3"></td><td colspan="3"></td></tr>
<tr><td>2</td><td colspan="3"></td><td colspan="3"></td></tr>
<tr><td>3</td><td colspan="3"></td><td colspan="3"></td></tr>
<tr><td rowspan="3">计划的评价</td><td>班　　级</td><td></td><td>第　　组</td><td>组长签字</td><td colspan="2"></td></tr>
<tr><td>教师签字</td><td></td><td>日　　期</td><td colspan="3"></td></tr>
<tr><td colspan="6">评语：</td></tr>
</table>

3．配置网络安全技术 NAT 的决策单

<table>
<tr><td>学习情境五</td><td colspan="6">管理信息安全</td></tr>
<tr><td>学时</td><td colspan="6">0.4 学时</td></tr>
<tr><td>典型工作过程描述</td><td colspan="6">1．配置网络安全技术 ACL—2．配置网络安全技术 NAT—3．配置 SSH 服务</td></tr>
<tr><td colspan="7">计划对比</td></tr>
<tr><td>序　　号</td><td>计划的可行性</td><td>计划的经济性</td><td colspan="2">计划的可操作性</td><td>计划的实施难度</td><td>综 合 评 价</td></tr>
<tr><td>1</td><td></td><td></td><td colspan="2"></td><td></td><td></td></tr>
<tr><td>2</td><td></td><td></td><td colspan="2"></td><td></td><td></td></tr>
<tr><td>3</td><td></td><td></td><td colspan="2"></td><td></td><td></td></tr>
<tr><td>4</td><td></td><td></td><td colspan="2"></td><td></td><td></td></tr>
<tr><td rowspan="3">决策的评价</td><td>班　　级</td><td></td><td>第　　组</td><td>组长签字</td><td colspan="2"></td></tr>
<tr><td>教师签字</td><td></td><td>日　　期</td><td colspan="3"></td></tr>
<tr><td colspan="6">评语：</td></tr>
</table>

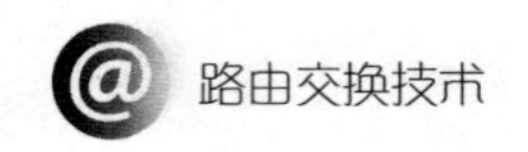

4. 配置网络安全技术 NAT 的实施单

学习情境五	管理信息安全
学时	1 学时
典型工作过程描述	1. 配置网络安全技术 ACL—**2. 配置网络安全技术 NAT**—3. 配置 SSH 服务

序　号	实施的具体步骤	注 意 事 项
1	创建 ACL 2000，配置规则为允许内网用户网段通过。 [QHJY-XXGC-CORE1-AR2220]acl 2000 //创建 ACL，编号为 2000	创建的 ACL 需符合项目需求

2	[QHJY-XXGC-CORE1-AR2220-acl-basic-2000]rule permit source 192.168.101.0 0.0.0.255
	//配置规则，允许源 IP 地址 192.168.101.0/24 网段通过
	[QHJY-XXGC-CORE1-AR2220-acl-basic-2000]rule permit source 192.168.201.0 0.0.0.255
	//配置规则，允许源 IP 地址 192.168.201.0/24 网段通过
	[QHJY-XXGC-CORE1-AR2220-acl-basic-2000]rule permit source 192.168.80.0 0.0.0.255
	//配置规则，允许源 IP 地址 192.168.80.0/24 网段通过
	[QHJY-XXGC-CORE1-AR2220-acl-basic-2000]quit
	//返回全局模式
		配置规则为允许内网用户网段通过，需符合项目需求。

3	[QHJY-XXGC-CORE1-AR2220]interface GigabitEthernet 0/0/0
	//进入 GE0/0/0 接口
	[QHJY-XXGC-CORE1-AR2220-GigabitEthernet0/0/0]nat outbound 2000
	//配置接口启用 Easy IP 方式的 NAT
	[QHJY-XXGC-CORE1-AR2220-GigabitEthernet0/0/0]quit
	//退出
		在路由器接口上配置 EasyIP 方式的 NAT Outbound，调用的访问控制列表需符合项目需求。

实施说明：

实施的评价	班　　级		第　　组		组长签字	
	教师签字		日　　期			
	评语：					

5. 配置网络安全技术 NAT 的检查单

<table>
<tr><td>学习情境五</td><td colspan="5">管理信息安全</td></tr>
<tr><td>学时</td><td colspan="5">0.4 学时</td></tr>
<tr><td>典型工作过程描述</td><td colspan="5">1．配置网络安全技术 ACL—2．配置网络安全技术 NAT—3．配置 SSH 服务</td></tr>
<tr><td>序　号</td><td>检查项目</td><td>检查标准</td><td colspan="2">学生自查</td><td>教师检查</td></tr>
<tr><td>1</td><td>配置是否生效。</td><td>命令正常运行。</td><td colspan="2"></td><td></td></tr>
<tr><td>2</td><td>状态是否正常。</td><td>状态正常。</td><td colspan="2"></td><td></td></tr>
<tr><td>3</td><td>参数是否正确。</td><td>与规划数据一致。</td><td colspan="2"></td><td></td></tr>
<tr><td rowspan="3">检查的评价</td><td>班　级</td><td></td><td>第　组</td><td>组长签字</td><td></td></tr>
<tr><td>教师签字</td><td></td><td>日　期</td><td colspan="2"></td></tr>
<tr><td colspan="5">评语：</td></tr>
</table>

6. 配置网络安全技术 NAT 的评价单

<table>
<tr><td>学习情境五</td><td colspan="5">管理信息安全</td></tr>
<tr><td>学时</td><td colspan="5">0.4 学时</td></tr>
<tr><td>典型工作过程描述</td><td colspan="5">1. 配置网络安全技术 ACL—2. 配置网络安全技术 NAT—3. 配置 SSH 服务</td></tr>
<tr><td>评价项目</td><td>评价子项目</td><td colspan="2">学生/小组自评</td><td>学生/组间互评</td><td>教 师 评 价</td></tr>
<tr><td>配置有效性。</td><td>配置是否生效。</td><td colspan="2"></td><td></td><td></td></tr>
<tr><td>状态正常值。</td><td>状态是否正常。</td><td colspan="2"></td><td></td><td></td></tr>
<tr><td>参数正确性。</td><td>参数是否正确。</td><td colspan="2"></td><td></td><td></td></tr>
<tr><td>最终结果。</td><td></td><td colspan="2"></td><td></td><td></td></tr>
<tr><td rowspan="3">评价的评价</td><td>班　　级</td><td></td><td>第　　组</td><td>组长签字</td><td></td></tr>
<tr><td>教师签字</td><td></td><td>日　　期</td><td colspan="2"></td></tr>
<tr><td colspan="5">评语：</td></tr>
</table>

任务三　配置 SSH 服务

1．配置 SSH 服务的资讯单

<table>
<tr><td>学习情境五</td><td colspan="6">管理信息安全</td></tr>
<tr><td>学时</td><td colspan="6">0.4 学时</td></tr>
<tr><td>典型工作过程描述</td><td colspan="6">1．配置网络安全技术 ACL—2．配置网络安全技术 NAT—3．配置 SSH 服务</td></tr>
<tr><td>搜集资讯的方式</td><td colspan="6">线下书籍及线上资源相结合。</td></tr>
<tr><td>资讯描述</td><td colspan="6">学习配置 SSH 服务的方法。</td></tr>
<tr><td>对学生的要求</td><td colspan="6">1．能正确配置 SSH 服务。
2．能理解 SSH 的基本原理。
3．能够养成自主探究的习惯。</td></tr>
<tr><td>参考资料</td><td colspan="6">1．华为技术有限公司编著，《网络系统建设与运维（中级）》，人民邮电出版社，2020 年 9 月。
2．教材及配套微课。</td></tr>
<tr><td rowspan="3">资讯的评价</td><td>班　　级</td><td></td><td>第　　组</td><td>组长签字</td><td colspan="2"></td></tr>
<tr><td>教师签字</td><td></td><td>日　　期</td><td colspan="3"></td></tr>
<tr><td colspan="6">评语：</td></tr>
</table>

2. 配置 SSH 服务的计划单

<table>
<tr><td>学习情境五</td><td colspan="6">管理信息安全</td></tr>
<tr><td>学时</td><td colspan="6">0.4 学时</td></tr>
<tr><td>典型工作过程描述</td><td colspan="6">1. 配置网络安全技术 ACL—2. 配置网络安全技术 NAT—3. 配置 SSH 服务</td></tr>
<tr><td>计划制订的方式</td><td colspan="6">小组讨论</td></tr>
<tr><td>序　号</td><td colspan="3">工 作 步 骤</td><td colspan="3">注 意 事 项</td></tr>
<tr><td>1</td><td colspan="3"></td><td colspan="3"></td></tr>
<tr><td>2</td><td colspan="3"></td><td colspan="3"></td></tr>
<tr><td>3</td><td colspan="3"></td><td colspan="3"></td></tr>
<tr><td>4</td><td colspan="3"></td><td colspan="3"></td></tr>
<tr><td>5</td><td colspan="3"></td><td colspan="3"></td></tr>
<tr><td rowspan="3">计划的评价</td><td>班　级</td><td></td><td>第　组</td><td>组长签字</td><td colspan="2"></td></tr>
<tr><td>教师签字</td><td></td><td>日　期</td><td colspan="3"></td></tr>
<tr><td colspan="6">评语：</td></tr>
</table>

3．配置 SSH 服务的决策单

<table>
<tr><td>学习情境五</td><td colspan="5">管理信息安全</td></tr>
<tr><td>学时</td><td colspan="5">0.4 学时</td></tr>
<tr><td>典型工作过程描述</td><td colspan="5">1．配置网络安全技术 ACL—2．配置网络安全技术 NAT—3．配置 SSH 服务</td></tr>
<tr><td colspan="6">计划对比</td></tr>
<tr><td>序　号</td><td>计划的可行性</td><td>计划的经济性</td><td>计划的可操作性</td><td>计划的实施难度</td><td>综 合 评 价</td></tr>
<tr><td>1</td><td></td><td></td><td></td><td></td><td></td></tr>
<tr><td>2</td><td></td><td></td><td></td><td></td><td></td></tr>
<tr><td>3</td><td></td><td></td><td></td><td></td><td></td></tr>
<tr><td>4</td><td></td><td></td><td></td><td></td><td></td></tr>
<tr><td rowspan="3">决策的评价</td><td>班　级</td><td></td><td>第　组</td><td>组长签字</td><td></td></tr>
<tr><td>教师签字</td><td></td><td>日　期</td><td colspan="2"></td></tr>
<tr><td colspan="5">评语：</td></tr>
</table>

4. 配置SSH服务的实施单

学习情境五	管理信息安全	
学时	1学时	
典型工作过程描述	1．配置网络安全技术ACL—2．配置网络安全技术NAT—**3．配置SSH服务**	
序　　号	**实施的具体步骤**	**注 意 事 项**

1	网络设备上配置SSH服务。
	[QHJY-XXGC-AGG01-S5700]rsa local-key-pair create
	Input the bits in the modul is[default=512]:2048
	//创建RSA密钥，[QHJY-XXGC-AGG01-S5700]stelnet server enable
	//使能STelnet服务（启用SSH服务）
		在此过程中需要设置RSA密码长度为2048。

2	[QHJY-XXGC-AGG01-S5700]user-interface vty 04
	//进入VTY用户界面
	[QHJY-XXGC-AGG01-S5700-ui-vty0-4]authentication-mode aaa
	//配置VTY用户界面认证方式为AAA
	[QHJY-XXGC-AGG01-S5700-ui-vty0-4]protocol inbound ssh
	//配置VTY用户界面支持SSH功能
	[QHJY-XXGC-AGG01-S5700-ui-vty0-4]quit
	//退出VTY用户界面
		配置VTY用户界面认证方式为AAA。

3	[QHJY-XXGC-AGG01-S5700]ssh user admin
	//创建SSH用户
	[QHJY-XXGC-AGG01-S5700]ssh user admin authentication-type password
	//配置admin用户认证类型为密码认证
	[QHJY-XXGC-AGG01-S5700]ssh user admin service-type stelnet
	//配置admin用户服务方式为STelnet
		配置admin用户认证类型为密码认证。

4	[QHJY-XXGC-AGG01-S5700]aaa
	//进入AAA视图
	[QHJY-XXGC-AGG01-S5700-aaa]local-user admin password cipher QaWsEd123#
	//配置本地用户admin，密码为QaWsEd123#
		进入AAA视图。

5	[QHJY-XXGC-AGG01-S5700-al]local-user admin service-type ssh
	//配置本地用户admin的服务方式为SSH
	[QHJY-XXGC-AGG01-S5700-aaa]local-user admin privilege level 15
	//配置本地用户admin的用户等级为15
	[QHJY-XXGC-AGG01-S5700-aaa]quit
	//退出AAA视图
		配置本地用户admin的用户等级为15。

实施说明：

<table>
<tr><td colspan="5">实施说明：</td></tr>
<tr><td rowspan="3">实施的评价</td><td>班　　级</td><td></td><td>第　　组</td><td>组长签字</td><td></td></tr>
<tr><td>教师签字</td><td></td><td>日　　期</td><td colspan="2"></td></tr>
<tr><td colspan="5">评语：</td></tr>
</table>

5. 配置 SSH 服务的检查单

<table>
<tr><td>学习情境五</td><td colspan="5">管理信息安全</td></tr>
<tr><td>学时</td><td colspan="5">0.4 学时</td></tr>
<tr><td>典型工作过程描述</td><td colspan="5">1．配置网络安全技术 ACL—2．配置网络安全技术 NAT—3．配置 SSH 服务</td></tr>
<tr><td>序　　号</td><td>检 查 项 目</td><td>检 查 标 准</td><td>学 生 自 查</td><td colspan="2">教 师 检 查</td></tr>
<tr><td>1</td><td>配置是否生效。</td><td>命令正常运行。</td><td></td><td colspan="2"></td></tr>
<tr><td>2</td><td>状态是否正常。</td><td>状态正常。</td><td></td><td colspan="2"></td></tr>
<tr><td>3</td><td>参数是否正确。</td><td>与规划数据一致。</td><td></td><td colspan="2"></td></tr>
<tr><td rowspan="3">检查的评价</td><td>班　　级</td><td></td><td>第　　组</td><td>组长签字</td><td></td></tr>
<tr><td>教师签字</td><td></td><td>日　　期</td><td colspan="2"></td></tr>
<tr><td colspan="5">评语：</td></tr>
</table>

6. 配置 SSH 服务的评价单

<table>
<tr><td>学习情境五</td><td colspan="6">管理信息安全</td></tr>
<tr><td>学时</td><td colspan="6">0.4 学时</td></tr>
<tr><td>典型工作过程描述</td><td colspan="6">1．配置网络安全技术 ACL—2．配置网络安全技术 NAT—3．配置 SSH 服务</td></tr>
<tr><td>评 价 项 目</td><td colspan="2">评价子项目</td><td colspan="2">学 生 自 评</td><td>组 内 评 价</td><td>教 师 评 价</td></tr>
<tr><td>配置有效性。</td><td colspan="2">作业流程是否完整。</td><td colspan="2"></td><td></td><td></td></tr>
<tr><td>状态正常值。</td><td colspan="2">作业流程是否规范。</td><td colspan="2"></td><td></td><td></td></tr>
<tr><td>参数正确性。</td><td colspan="2">是否做到参数正确性。</td><td colspan="2"></td><td></td><td></td></tr>
<tr><td rowspan="3">评价的评价</td><td>班　　级</td><td></td><td>第　　组</td><td>组长签字</td><td colspan="2"></td></tr>
<tr><td>教师签字</td><td></td><td>日　　期</td><td colspan="3"></td></tr>
<tr><td colspan="6">评语：</td></tr>
</table>

学习情境六　测 试 项 目

任务一　验证项目实施结果

1．验证项目实施结果的资讯单

<table>
<tr><td>学习情境六</td><td colspan="6">测试项目</td></tr>
<tr><td>学时</td><td colspan="6">0.4 学时</td></tr>
<tr><td>典型工作过程描述</td><td colspan="6">1．验证项目实施结果—2．整理配置文档</td></tr>
<tr><td>搜集资讯的方式</td><td colspan="6">线下书籍及线上资源：IPCONFIG\ping。</td></tr>
<tr><td>资讯描述</td><td colspan="6">1．描述 IPCONFIG 命令。
2．描述 ping 命令。</td></tr>
<tr><td>对学生的要求</td><td colspan="6">1．能正确运用 IPCONFIG 命令。
2．能正确运用 ping 命令。</td></tr>
<tr><td>参考资料</td><td colspan="6">1．华为技术有限公司编著，《网络系统建设与运维（中级）》，人民邮电出版社，2020 年 9 月。
2．教材及配套微课。</td></tr>
<tr><td rowspan="3">资讯的评价</td><td>班　　级</td><td></td><td>第　　组</td><td>组长签字</td><td colspan="2"></td></tr>
<tr><td>教师签字</td><td></td><td>日　　期</td><td colspan="3"></td></tr>
<tr><td colspan="6">评语：</td></tr>
</table>

2. 验证项目实施结果的计划单

<table>
<tr><td>学习情境六</td><td colspan="6">测试项目</td></tr>
<tr><td>学时</td><td colspan="6">0.4 学时</td></tr>
<tr><td>典型工作过程描述</td><td colspan="6">1. 验证项目实施结果—2. 整理配置文档</td></tr>
<tr><td>计划制订的方式</td><td colspan="6">小组讨论</td></tr>
<tr><td>序 号</td><td colspan="3">工 作 步 骤</td><td colspan="3">注 意 事 项</td></tr>
<tr><td>1</td><td colspan="3"></td><td colspan="3"></td></tr>
<tr><td>2</td><td colspan="3"></td><td colspan="3"></td></tr>
<tr><td>3</td><td colspan="3"></td><td colspan="3"></td></tr>
<tr><td>4</td><td colspan="3"></td><td colspan="3"></td></tr>
<tr><td rowspan="3">计划的评价</td><td>班 级</td><td></td><td>第 组</td><td>组长签字</td><td colspan="2"></td></tr>
<tr><td>教师签字</td><td></td><td>日 期</td><td colspan="3"></td></tr>
<tr><td colspan="6">评语：</td></tr>
</table>

3. 验证项目实施结果的决策单

<table>
<tr><td>学习情境六</td><td colspan="6">测试项目</td></tr>
<tr><td>学时</td><td colspan="6">0.4 学时</td></tr>
<tr><td>典型工作过程描述</td><td colspan="6">1．验证项目实施结果—2．整理配置文档</td></tr>
<tr><td colspan="7">计划对比</td></tr>
<tr><td>序　号</td><td>计划的可行性</td><td>计划的经济性</td><td colspan="2">计划的可操作性</td><td>计划的实施难度</td><td>综 合 评 价</td></tr>
<tr><td>1</td><td></td><td></td><td colspan="2"></td><td></td><td></td></tr>
<tr><td>2</td><td></td><td></td><td colspan="2"></td><td></td><td></td></tr>
<tr><td>3</td><td></td><td></td><td colspan="2"></td><td></td><td></td></tr>
<tr><td>4</td><td></td><td></td><td colspan="2"></td><td></td><td></td></tr>
<tr><td rowspan="3">决策的评价</td><td>班　级</td><td></td><td>第　组</td><td>组长签字</td><td colspan="2"></td></tr>
<tr><td>教师签字</td><td></td><td>日　期</td><td colspan="3"></td></tr>
<tr><td colspan="6">评语：</td></tr>
</table>

4．验证项目实施结果的实施单

<table>
<tr><td>学习情境六</td><td colspan="5">测试项目</td></tr>
<tr><td>学时</td><td colspan="5">1 学时</td></tr>
<tr><td>典型工作过程描述</td><td colspan="5">1．验证项目实施结果—2．整理配置文档</td></tr>
<tr><td>序　号</td><td colspan="4">实施的具体步骤</td><td>注 意 事 项</td></tr>
<tr><td>1</td><td colspan="4">查看获取的 IP 地址信息：
在实训管理中心的 PC 上配置 IP 地址为自动获取，执行 ipconfig 命令，查看获取的 IP 地址信息。</td><td>参数必须和规划数据保持一致。</td></tr>
<tr><td>2</td><td colspan="4">测试各 PC 间的连通性：
为教学管理中心的 PC 手动配置 IP 地址为 192.168.101.254/24，网关指向 192.168.101.1；为服务器群的 PC 手动配置 IP 地址为 192.168.80.254/24，网关指向 192.168.80.1；在教学管理中心的 PC 上分别测试其与实训管理中心、服务器群的 PC 的连通性。</td><td>配置规则为允许内网用户网段通过需符合项目需求。</td></tr>
<tr><td>3</td><td colspan="4">测试 NAT 是否正常工作：
在教学管理中心的 PC 上执行 ping 18.18.18.18 命令，测试 NAT 是否正常工作。</td><td></td></tr>
<tr><td colspan="6">实施说明：</td></tr>
<tr><td rowspan="3">实施的评价</td><td>班　级</td><td></td><td>第　组</td><td>组长签字</td><td></td></tr>
<tr><td>教师签字</td><td></td><td>日　期</td><td colspan="2"></td></tr>
<tr><td colspan="5">评语：</td></tr>
</table>

5. 验证项目实施结果的检查单

<table>
<tr><td>学习情境六</td><td colspan="5">测试项目</td></tr>
<tr><td>学时</td><td colspan="5">0.4 学时</td></tr>
<tr><td>典型工作过程描述</td><td colspan="5">1．验证项目实施结果—2．整理配置文档</td></tr>
<tr><td>序　号</td><td>检查项目</td><td colspan="2">检查标准</td><td>学生自查</td><td>教师检查</td></tr>
<tr><td>1</td><td>配置是否生效。</td><td colspan="2">获取的 IP 地址信息正确。</td><td></td><td></td></tr>
<tr><td>2</td><td>状态是否正常。</td><td colspan="2">各 PC 间的连通性连通、NAT 正常工作。</td><td></td><td></td></tr>
<tr><td>3</td><td>参数是否正确。</td><td colspan="2">与规划数据一致。</td><td></td><td></td></tr>
<tr><td rowspan="3">检查的评价</td><td>班　级</td><td></td><td>第　组</td><td>组长签字</td><td></td></tr>
<tr><td>教师签字</td><td></td><td>日　期</td><td colspan="2"></td></tr>
<tr><td colspan="5">评语：</td></tr>
</table>

6. 验证项目实施结果的评价单

<table>
<tr><td>学习情境六</td><td colspan="5">测试项目</td></tr>
<tr><td>学时</td><td colspan="5">0.4 学时</td></tr>
<tr><td>典型工作过程描述</td><td colspan="5">1. 验证项目实施结果—2. 整理配置文档</td></tr>
<tr><td>评 价 项 目</td><td>评价子项目</td><td colspan="2">学生/小组自评</td><td>学生/组间互评</td><td>教 师 评 价</td></tr>
<tr><td>配置有效性。</td><td>获取的 IP 地址信息正确。</td><td colspan="2"></td><td></td><td></td></tr>
<tr><td>状态正常值。</td><td>各 PC 间的连通性连通、NAT 正常工作。</td><td colspan="2"></td><td></td><td></td></tr>
<tr><td>参数正确性。</td><td>与规划数据一致。</td><td colspan="2"></td><td></td><td></td></tr>
<tr><td>最终结果。</td><td></td><td colspan="2"></td><td></td><td></td></tr>
<tr><td rowspan="3">评价的评价</td><td>班 级</td><td></td><td>第 组</td><td>组长签字</td><td></td></tr>
<tr><td>教师签字</td><td></td><td>日 期</td><td colspan="2"></td></tr>
<tr><td colspan="5">评语：</td></tr>
</table>

任务二 整理配置文档

1．整理配置文档的资讯单

<table>
<tr><td>学习情境六</td><td colspan="6">测试项目</td></tr>
<tr><td>学时</td><td colspan="6">0.4 学时</td></tr>
<tr><td>典型工作过程描述</td><td colspan="6">1．验证项目实施结果—2．整理配置文档</td></tr>
<tr><td>搜集资讯的方式</td><td colspan="6">线下书籍及线上资源：IPCONFIG\ping。</td></tr>
<tr><td>资讯描述</td><td colspan="6">描述配置文档整理的方法。</td></tr>
<tr><td>对学生的要求</td><td colspan="6">能完整地配置文档。</td></tr>
<tr><td>参考资料</td><td colspan="6">1．华为技术有限公司编著，《网络系统建设与运维（中级）》，人民邮电出版社，2020 年 9 月。
2．教材及配套微课。</td></tr>
<tr><td rowspan="3">资讯的评价</td><td>班　级</td><td></td><td>第　组</td><td>组长签字</td><td colspan="2"></td></tr>
<tr><td>教师签字</td><td></td><td>日　期</td><td colspan="3"></td></tr>
<tr><td colspan="6">评语：</td></tr>
</table>

2. 整理配置文档的计划单

<table>
<tr><td colspan="2">学习情境六</td><td colspan="5">测试项目</td></tr>
<tr><td colspan="2">学时</td><td colspan="5">0.4 学时</td></tr>
<tr><td colspan="2">典型工作过程描述</td><td colspan="5">1．验证项目实施结果—2．整理配置文档</td></tr>
<tr><td colspan="2">计划制订的方式</td><td colspan="5">小组讨论</td></tr>
<tr><td>序　号</td><td colspan="3">工 作 步 骤</td><td colspan="3">注 意 事 项</td></tr>
<tr><td>1</td><td colspan="3"></td><td colspan="3"></td></tr>
<tr><td>2</td><td colspan="3"></td><td colspan="3"></td></tr>
<tr><td rowspan="3" colspan="2">计划的评价</td><td>班　级</td><td></td><td>第　组</td><td>组长签字</td><td></td></tr>
<tr><td>教师签字</td><td></td><td>日　期</td><td colspan="2"></td></tr>
<tr><td colspan="5">评语：</td></tr>
</table>

3. 整理配置文档的决策单

<table>
<tr><td>学习情境六</td><td colspan="5">测试项目</td></tr>
<tr><td>学时</td><td colspan="5">0.4 学时</td></tr>
<tr><td>典型工作过程描述</td><td colspan="5">1. 验证项目实施结果—2. 整理配置文档</td></tr>
<tr><td colspan="6">计划对比</td></tr>
<tr><td>序　号</td><td>计划的可行性</td><td>计划的经济性</td><td>计划的可操作性</td><td>计划的实施难度</td><td>综 合 评 价</td></tr>
<tr><td>1</td><td></td><td></td><td></td><td></td><td></td></tr>
<tr><td>2</td><td></td><td></td><td></td><td></td><td></td></tr>
<tr><td>3</td><td></td><td></td><td></td><td></td><td></td></tr>
<tr><td>4</td><td></td><td></td><td></td><td></td><td></td></tr>
<tr><td rowspan="3">决策的评价</td><td>班　级</td><td></td><td>第　组</td><td>组长签字</td><td></td></tr>
<tr><td>教师签字</td><td></td><td>日　期</td><td colspan="2"></td></tr>
<tr><td colspan="5">评语：</td></tr>
</table>

4. 整理配置文档的实施单

<table>
<tr><td>学习情境六</td><td colspan="5">测试项目</td></tr>
<tr><td>学时</td><td colspan="5">1 学时</td></tr>
<tr><td>典型工作过程描述</td><td colspan="5">1．验证项目实施结果—2．整理配置文档</td></tr>
<tr><td>序　号</td><td colspan="2">实 施 步 骤</td><td colspan="3">注 意 事 项</td></tr>
<tr><td>1</td><td colspan="2">记录各项功能的测试结果。</td><td colspan="3">检查各项功能的测试结果截图是否正确、清晰、完整。</td></tr>
<tr><td>2</td><td colspan="2">编辑配置文档。</td><td colspan="3">配置文档内容是否完整。</td></tr>
<tr><td colspan="6">实施说明：</td></tr>
<tr><td rowspan="3">实施的评价</td><td>班　级</td><td></td><td>第　组</td><td>组长签字</td><td></td></tr>
<tr><td>教师签字</td><td></td><td>日　期</td><td colspan="2"></td></tr>
<tr><td colspan="5">评语：</td></tr>
</table>

5. 整理配置文档的检查单

<table>
<tr><td>学习情境六</td><td colspan="5">测试项目</td></tr>
<tr><td>学时</td><td colspan="5">0.4 学时</td></tr>
<tr><td>典型工作过程描述</td><td colspan="5">1．验证项目实施结果—2．整理配置文档</td></tr>
<tr><td>序　号</td><td colspan="2">检 查 项 目</td><td colspan="2">检 查 标 准</td><td>学 生 自 查</td><td>教 师 检 查</td></tr>
<tr><td>1</td><td colspan="2">功能测试截图查验。</td><td colspan="2">各项功能的测试结果截图正确、清晰、完整。</td><td></td><td></td></tr>
<tr><td>2</td><td colspan="2">配置文档校对。</td><td colspan="2">配置文档内容完整。</td><td></td><td></td></tr>
<tr><td rowspan="3">检查的评价</td><td>班　级</td><td></td><td>第　组</td><td>组长签字</td><td></td></tr>
<tr><td>教师签字</td><td></td><td>日　期</td><td colspan="2"></td></tr>
<tr><td colspan="5">评语：</td></tr>
</table>

6. 整理配置文档的评价单

学习情境六	测试项目			
学时	0.4 学时			
典型工作过程描述	1．验证项目实施结果—**2．整理配置文档**			
评 价 项 目	**评价子项目**	**学生/小组自评**	**学生/组间互评**	**教 师 评 价**
检查各项功能的测试结果截图。	检查各项功能的测试结果截图。			
配置文档内容。	配置文档内容。			

评价的评价	班　　级		第　　组		组长签字	
	教师签字		日　　期			
	评语：					

参 考 文 献

[1] 华为技术有限公司．网络系统建设与运维（中级）[M]．北京：人民邮电出版社，2020.
[2] 谭营军，娄松涛．路由交换技术[M]．北京：机械工业出版社，2017.
[3] 蒋建峰，杨泽明，谭方勇．路由交换技术项目化教程[M]．苏州：苏州大学出版社，2023.
[4] 谭传武．路由交换技术[M]．西安：西安电子科技大学出版社，2022.
[5] 叶恒舟．路由与交换技术[M]．北京：电子工业出版社，2022.